德国经典少儿百科全书（彩绘版）

地球到底有什么？

[德] 乌特·弗里森　著
张淼　译

東方出版社

图书在版编目（CIP）数据

地球到底有什么？/（德）弗里森 著；张森 译. —北京：东方出版社，2012.9
（德国经典少儿百科全书：彩绘版）
ISBN 978-7-5060-5382-2

Ⅰ.①地… Ⅱ.①弗… ②张… Ⅲ.①地球—少儿读物 Ⅳ.①P183-49

中国版本图书馆CIP数据核字（2012）第226788号

地球到底有什么？
（DIQIU DAODI YOU SHENME?）

作　　者：[德]乌特·弗里森
译　　者：张　淼
责任编辑：黄　娟　唐　华
出　　版：东方出版社
发　　行：人民东方出版传媒有限公司
地　　址：北京市东城区朝阳门内大街166号
邮政编码：100706
印　　刷：天津泰宇印务有限公司
版　　次：2013年1月第1版
印　　次：2019年5月第3次印刷
开　　本：889毫米×1194毫米　1/20
印　　张：6.4
字　　数：22千字
书　　号：ISBN 978-7-5060-5382-2
定　　价：38.00元

地球的构造

圆球还是圆盘?

我们都知道地球是个球体。从太空中看，地球像是一个蓝色的圆球，我们可以清晰地辨认出球体表面的各个大洲。

地球表面有三分之二的面积被水覆盖，所以人们又称地球为蓝色星球。这是一个两极稍扁的球体。

中世纪时人们普遍认为大地是个圆盘，而它的边缘生活着许多怪兽。水手们都害怕自己会从圆盘边缘掉下去。

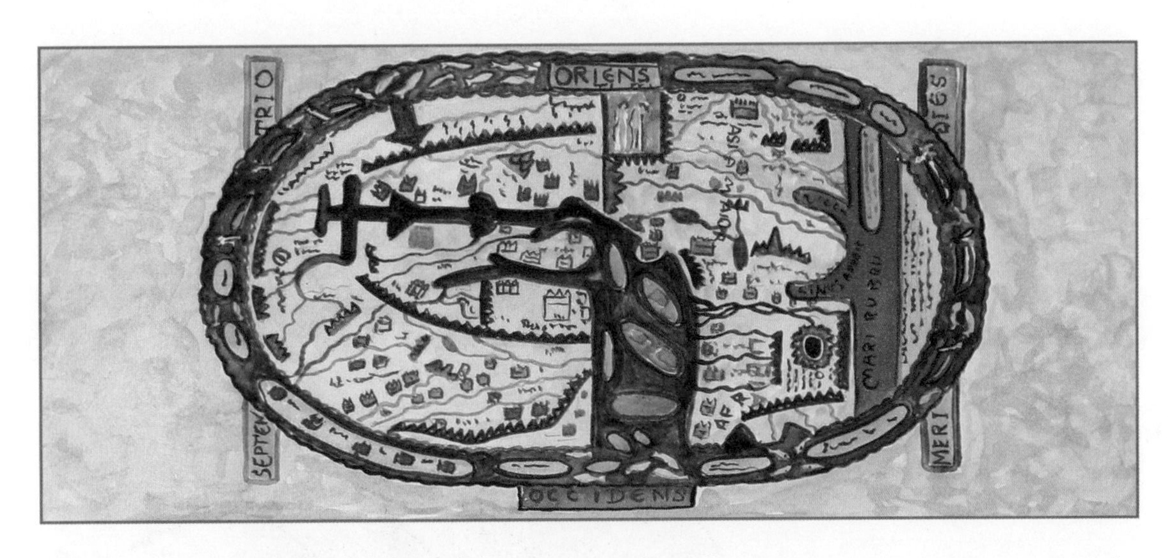

中世纪的欧洲地图中描绘出了地面上空伊甸园的位置，但在这幅图中人们并没有看到北美洲、南美洲、大洋洲和南极洲。因为这些大洲在当时还未被发现。

印度教徒相信，梵天大神是这个世界的创造者。据说我们生活的地球是被四只大象共同支撑起来的。

当发生月食现象时，太阳光会被地球遮挡住。因为太阳是圆的，照此推理，地球也应该是圆的。

早期的人们如何辨认方向?

在陆地上人们可以根据山脉和河流来辨别方向。而在海洋上时，航海家们如何得知他们所处的位置和他们的目的地呢?

早在几个世纪之前，生活在南太平洋海域的人们就已经驾船穿梭在不同的岛屿之间了。当他们看见军舰鸟时，就会意识到他们离陆地已经不远了。因为军舰鸟都是在海上捕食，岸边宿夜。

自古以来，水手们都是通过星星的位置识别方向的。他们还会利用十字测天仪来确定自己所在的方位，但如果天空阴云密布，他们就会迷失方向。

海员将标杆举至齐眉高度，调整移动短杆的位置，直到同时看到被观测星体和地平线为止，然后记录短杆在长标杆上位置对应的刻度。这时所读出的数字就是被观测星体的高度。

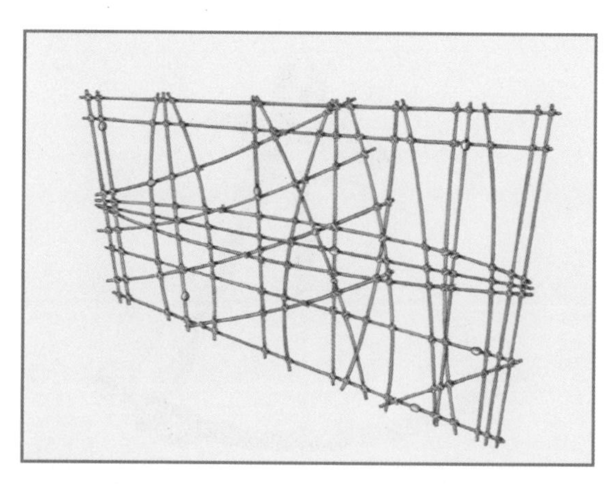

波利尼西亚人的导航工具是航海图。这种航海图由木枝和贝壳编织而成，贝壳代表岛屿，木枝代表洋流。

人们利用星盘来测量天体方向角，从而计算出所在观测地点的地理纬度。

有了卫星的帮助，海洋中的船只或是沙漠中的旅行者就不容易迷路了，导航仪会明确显示他们所在的位置。

我在哪儿？关于这个问题全球定位系统（GPS）接收器在卫星信号的协助下可以轻松为你解答。发送信号的卫星共有24颗，它们被火箭送入太空，并围绕地球运转。

徒步旅行中，地图和罗盘会对你有所帮助。因为罗盘的指针总是指向北方。

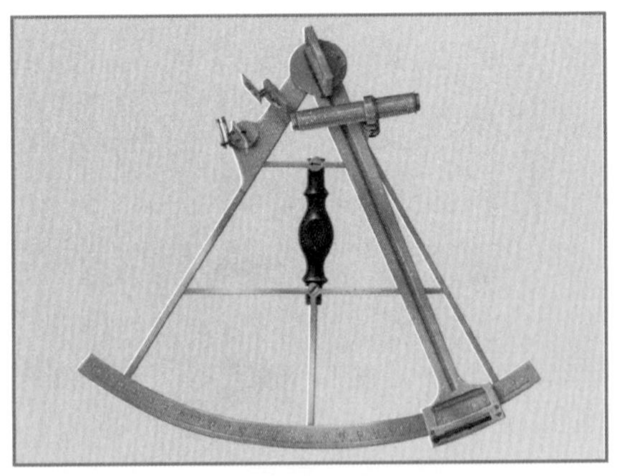

六分仪可以测量天体的方位角，高度角和时间确定后就可以推算出你所在的位置了。

利用树木同样可以辨别方向。另外，苔藓总是长在树干的北面和西面。

人们在地图或地球仪上总是这样描绘地球：北方和北极在上面，南方和南极在下面。

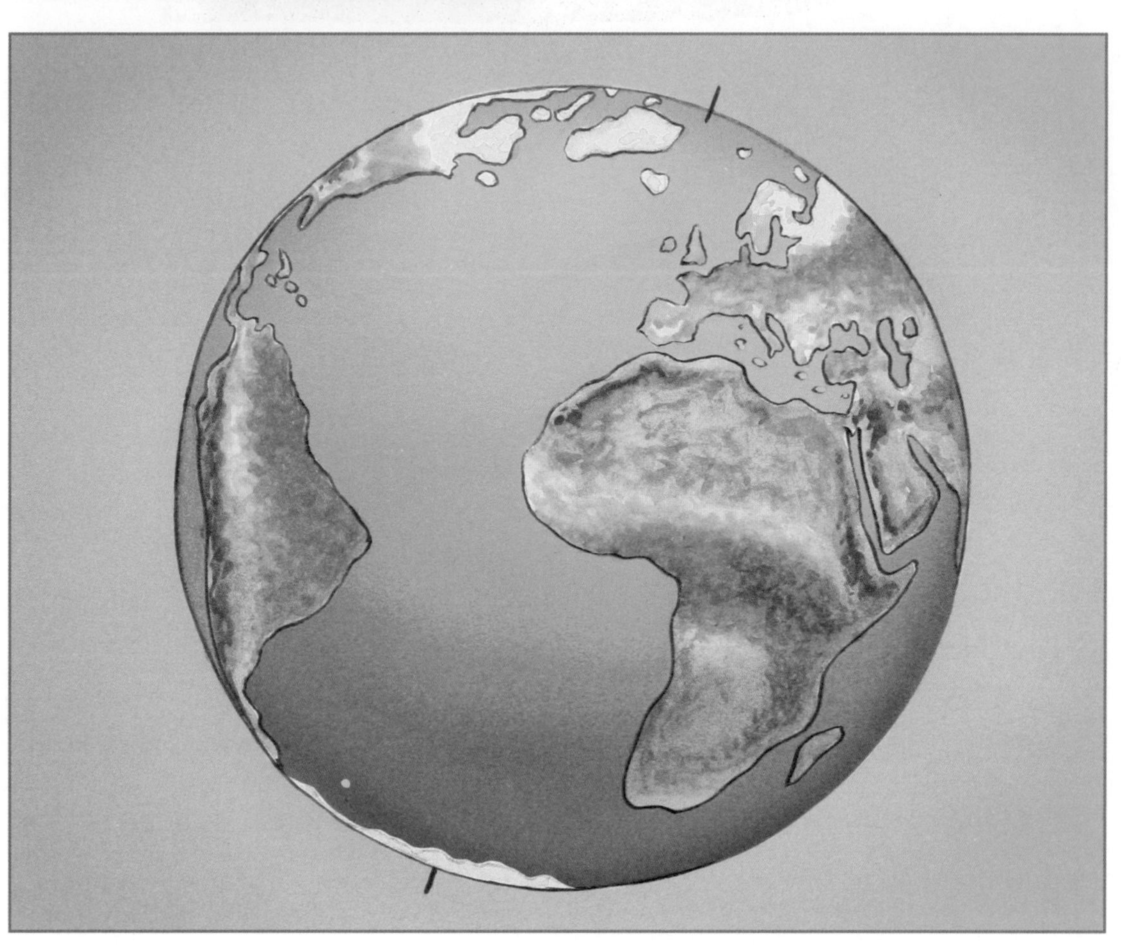

地图是怎样产生的?

在书店里，你可以看到世界地图和区域地图。为了绘制出精确的地图，人们必须准确地对地球加以测量。

人们利用回声测深仪来测量海洋深度，从船上向海底发射声波并计算出往返时间。海水越深，声波往返的时间就越长。

人们坐在飞机上进行空中摄影，他们从空中俯瞰这个世界。从拍摄画面看来，房屋和田地显得十分渺小。

俯瞰下方，房屋、田地和花园看上去就像一个个小长方形，公路看上去就像一根根线条。人们看不清森林里的每一棵树，只能看见一片绿色。

因此你可以按照这个方法描绘出关于你房间的地图，杯子在地图上只是一个圆圈。

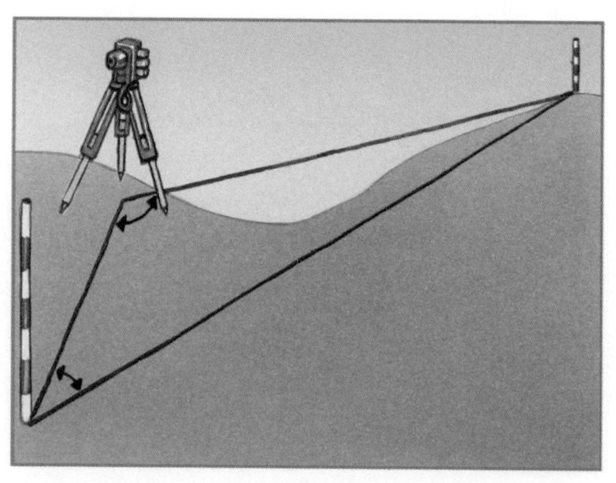

地图上标明的山的高度和坡度，是人们利用经纬仪测量出来的。

比例尺

地图比例尺有大小之分。如果实地两点间的距离是 1 千米，那么地图上这两点间的距离可以是几厘米，甚至是几毫米。

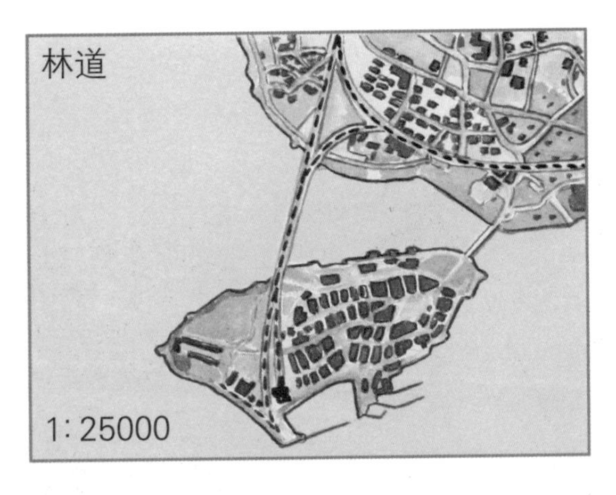

林道市坐落在博登湖东岸的岛上，为了在林道市找到具体路线，人们选择了这张比例尺为 1:25000 的市区图。

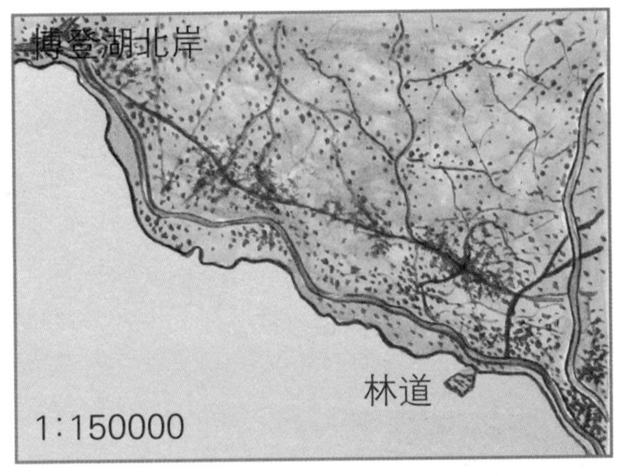

比例尺为 1:150000 的地图，图上两点间距离的 1 厘米相当于实际距离 1500 米。

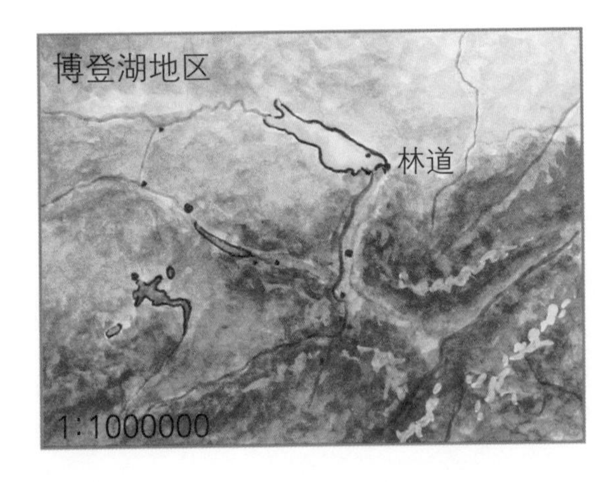

在比例尺为 1:1000000 的地图上，林道市只是一个小小的黑点，人们还可以看到许多其他地方。

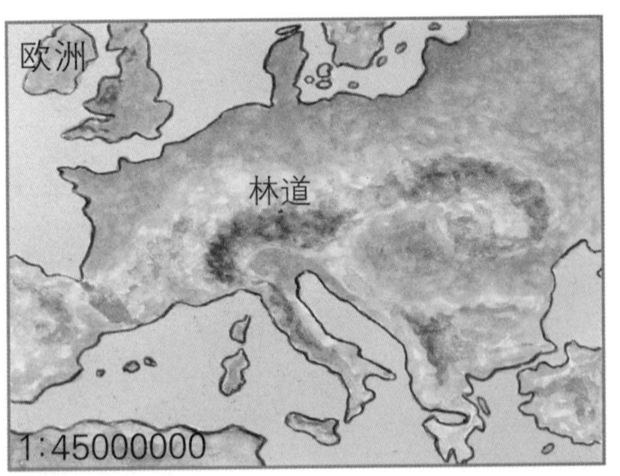

在这幅比例尺为 1:45000000 的地图上，人们可以看到，林道市位于德国的南部地区。

人们将地图分成一个个正方形，在地图边缘你能够找到数字和字母。这些数字和字母可以帮你找到你想要找的城市。

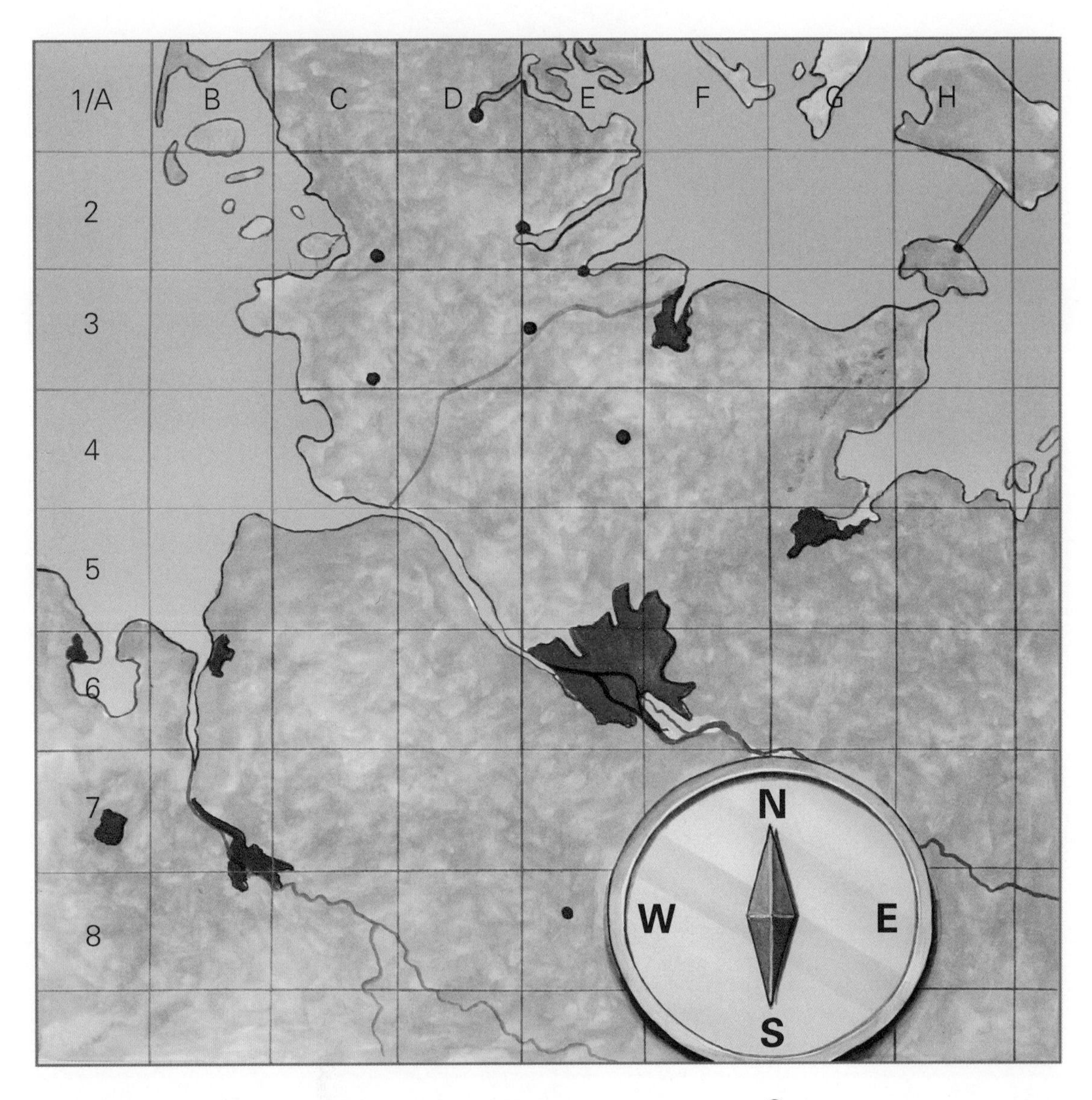

在城市列表中你会发现这样的说明语，如“基尔[①] F3”。现在在地图上找 F 列第 3 行。你的手指分别沿着 F 列和第 3 行向下向右移动，通过这种方法你就可以找到正方形 F3 了。

① 基尔：德国石勒苏益格－荷尔斯泰因州首府。——译者注

地球剖面图

地球并非像你的足球一样是空心的，它是实心的并且由许多层面组成。我们所生活的地壳是由岩石组成的。

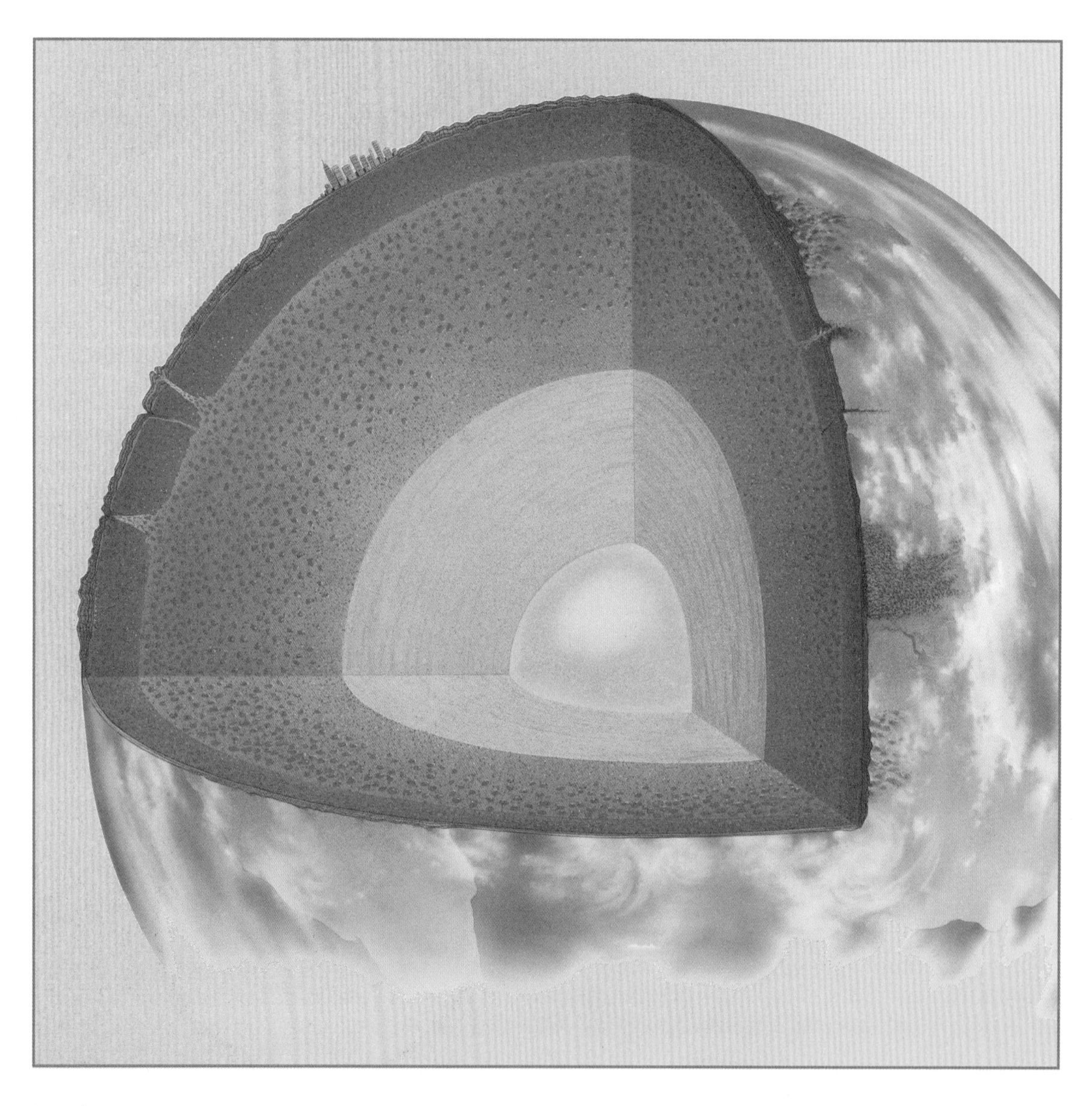

地壳下面就是地幔，一种由局部熔融的岩石组成的高温物质。地核由镍和铁组成，温度大约在 2900℃至 6700℃之间。

人们是如何得知地球的构造的呢？原来是通过人工地震找出的答案。

就像山体能将声音以回声的形式反射回来一样，地幔同样能将地震波的回波反射回来。声波的传播速度并非在各处都一样，这样人们就可以计算出地球内部哪里是液态的，哪里是固态的。

地壳被划分成了许多巨大的板块。在两个板块互相撞击处，会发生地震。

很久以前人们猜测，地球是空心的，地下海洋中居住着无数怪兽。

很久以前地球上只有一块大陆，后来它破裂了。现在的地壳由许多碎块组成，它们像拼图一样彼此拼凑在了一起。

当两大板块相互碰撞时，可能会形成山脉或火山。板块因受到挤压、拱抬而弯曲变形。世界上海拔最高的山脉喜马拉雅山就是这样产生的。

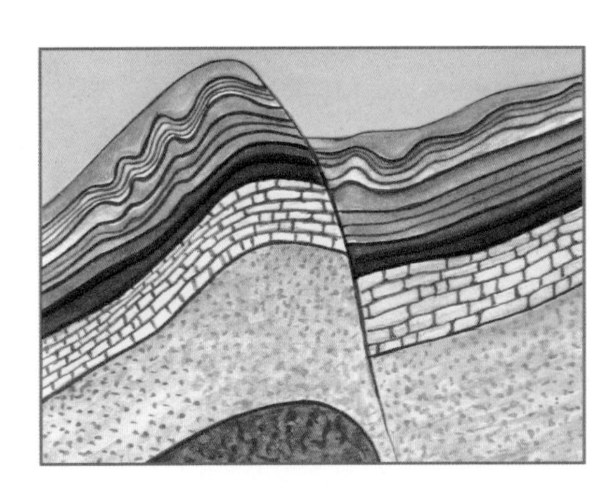

位于板块交界处的两个板块之间由于发生了背离运动从而导致了断层的产生。

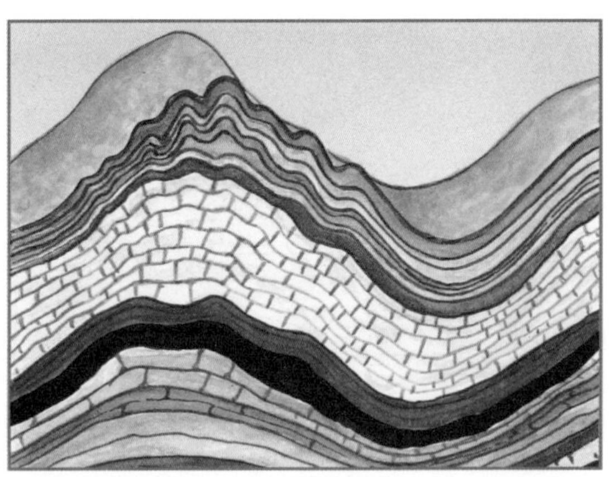

地球内部力量如此巨大，以至于像黏土层这样的岩层发生了变形。

美国圣安德烈亚斯断层两侧的大陆板块沿着反方向挤擦而过。

1963 年一次大型的火山爆发后出现了一座岛屿——叙尔特塞岛，它位于冰岛附近，地处板块边界上。

人们今天看到的地球并不是它原来的样子。大约 1 亿 5000 万年前，那时候地球上所有的大陆是彼此连成一片的，直到后来才分裂开。

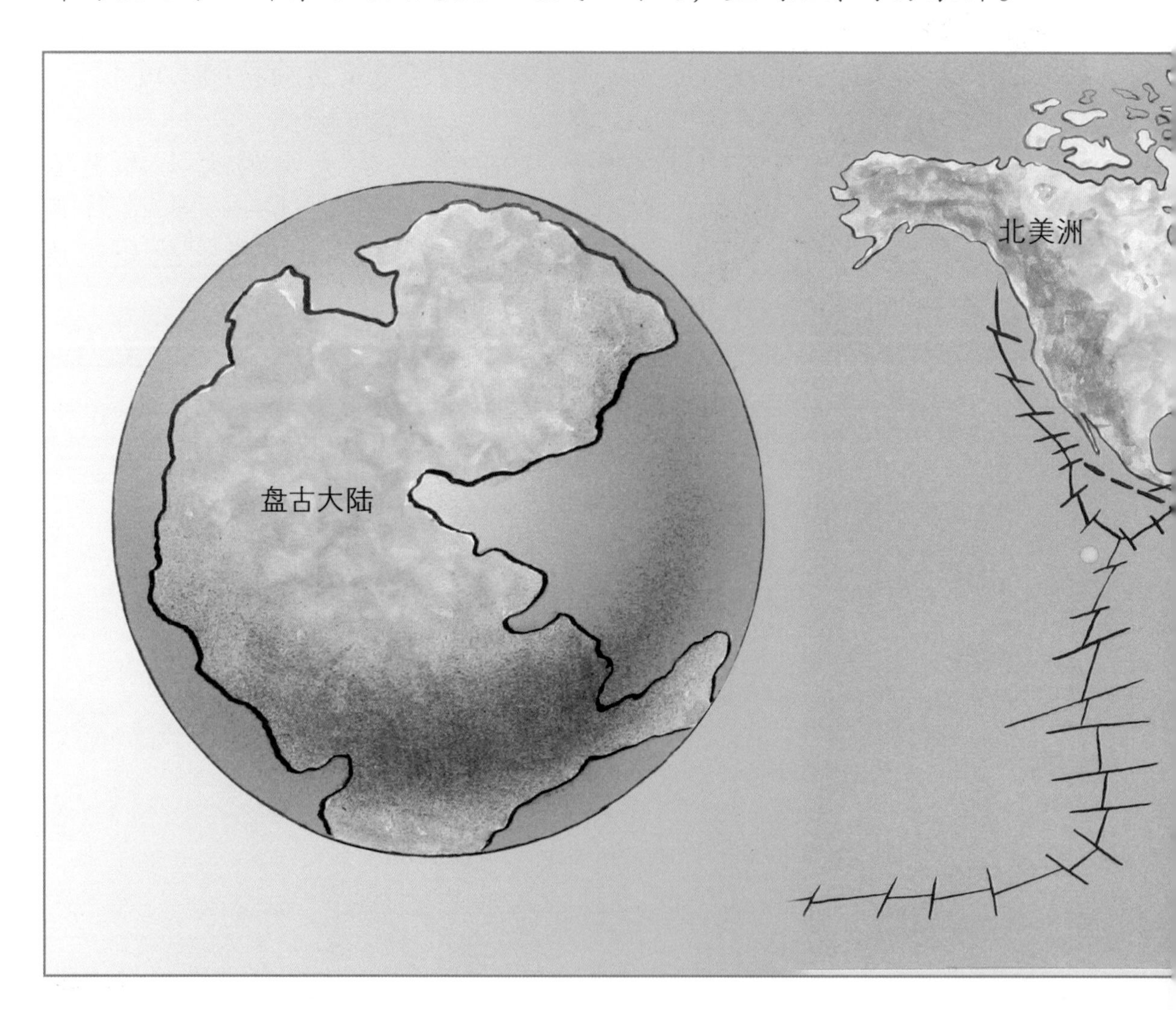

在侏罗纪时期地球上只有一块大陆，那就是盘古大陆。后来，这块大陆破裂成若干大陆块。时至今日，人们依然可以发现，非洲的西部海岸同南美洲的东部海岸就像两块拼图一样相互吻合。

今天，地球上有七大洲，分别是：欧洲、亚洲、非洲、大洋洲、北美洲、南美洲和南极洲。南北美洲之间通过一处不算长的地峡彼此连接在一起。

地球表面就像是一个由许多板块组成的大拼图，七大洲位于这些板块上，板块边界大多位于海洋中。

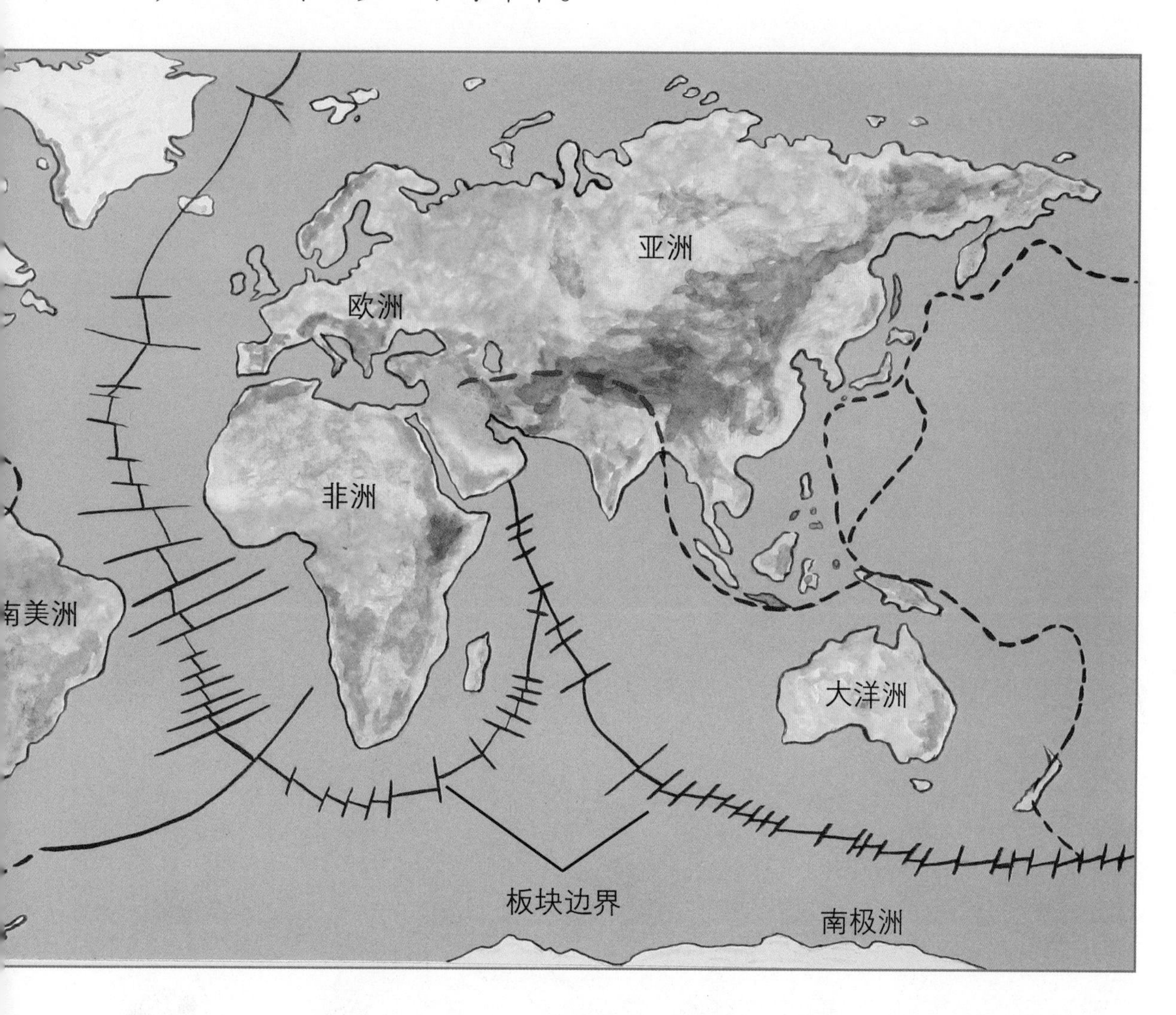

地球板块处于相对运动之中。当它们碰撞在一起时，地壳就会向上隆起形成山脉，如喜马拉雅山。而板块碰撞所产生的压力会以地震的形式释放出来。

亚欧板块和美洲板块的交界处位于大西洋中。这里，火山熔岩从地壳内部上升至海底，压力导致两大板块彼此背离，也因此导致了美国与欧洲之间的距离每年都要增加 1 厘米。

世界各地的地震有大有小。德国很少发生地震，震级也很小，而日本和土耳其却是地震频发的国家。

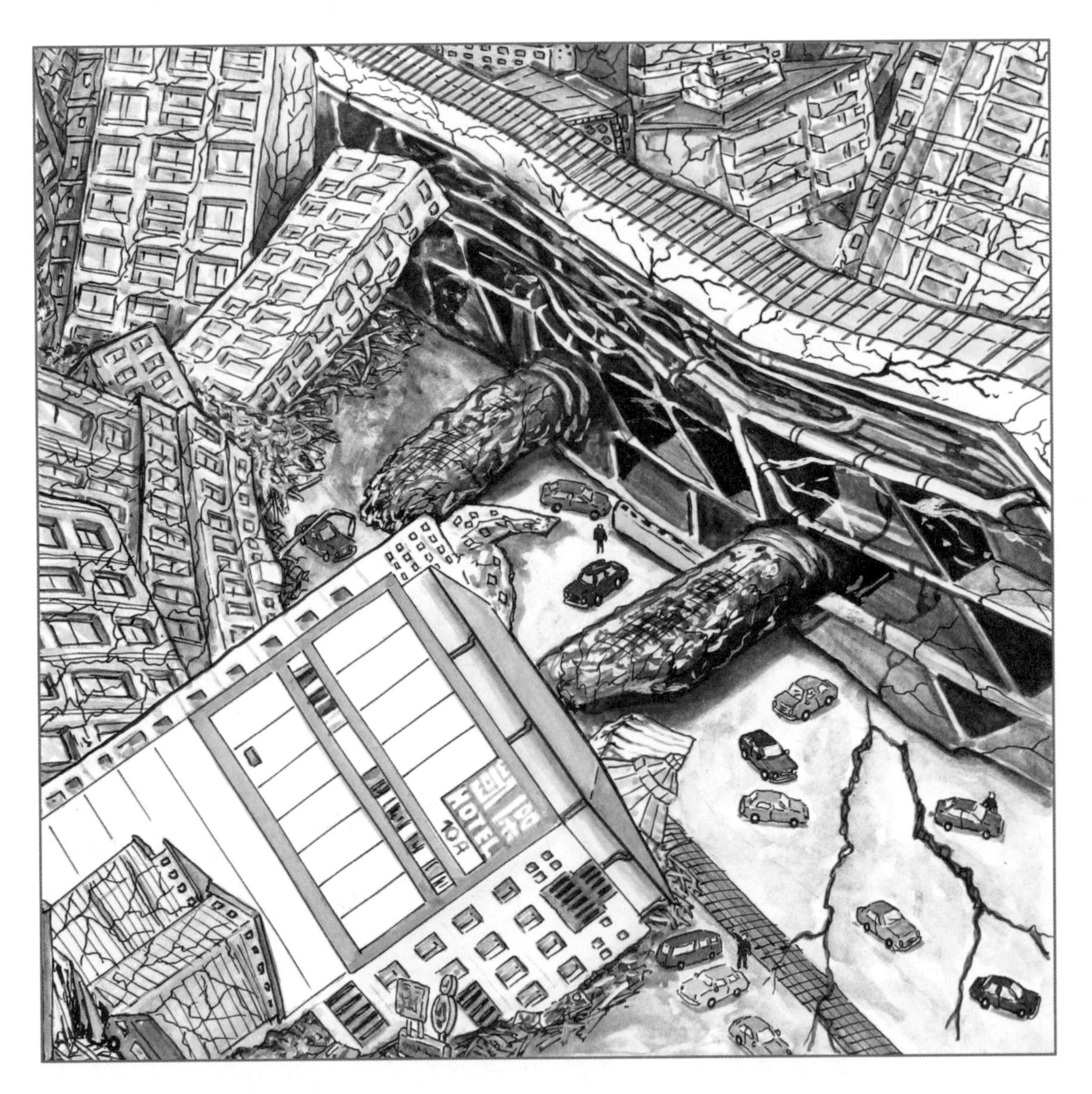

震中是遭受地震破坏最严重的地区，震中下面就是地壳发生断裂的地方。位于震中区域的房屋会被摧毁，在距离震中很远之外的地方也许只有碗橱里的餐具会格格作响。

人们用里氏震级来显示地震的规模，震级为 8 或 9 的地震会造成巨大损失。

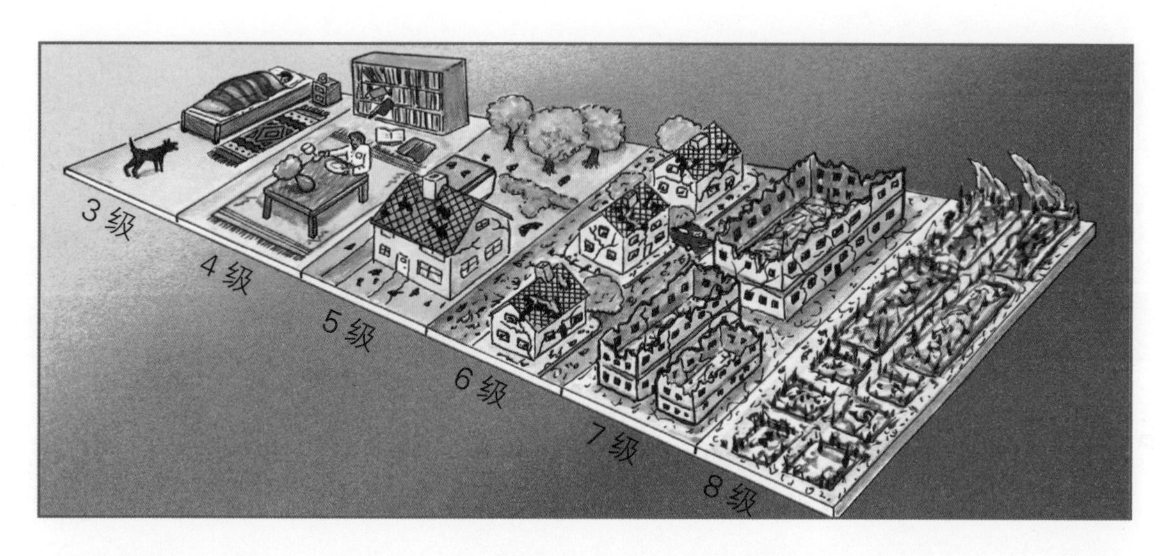

从上图中人们可以知道，不同震级的地震会造成怎样的损失，也许 3 级地震时只有家里的小狗能感觉到。世界上每天都会发生 100 多次震级为 3 或 4 的地震。

海底地震会引发巨大的海浪：海啸，它会给沿海地区带来灾难。

地震后的救援工作经常面临巨大困难，因为公路和铁路也在地震中被毁坏了。

不是所有的火山都会喷发。有些火山很多年前就已经熄灭了，但是有些仍然有可能喷发。地球上大约有 550 座火山。

许多死火山的火山口处会形成湖泊。在阿拉斯加和艾弗尔山就有许多这样的火山口湖，这里没有出水口。在罗马，人们会到郊外的火山口湖里游泳。

间歇泉是一种能够间断地从泉口喷出热水的温泉。

海底热液喷发口会喷出黑色热液，看上去就像烟囱一样。

火山熔岩冷却后经常会凝固成美丽的六棱柱状玄武岩。

在一座火山的火山筒中向上涌动着火红炽热的液态火成岩，即岩浆。

总是有新的洞穴被发现。一些洞穴里长有钟乳石，人们可以去观赏。即使在夏天，洞穴里也十分凉爽。

石灰岩可溶于水。在一些石灰岩地带洞穴特别多，如弗兰肯汝拉山脉或施瓦本山脉。它们是由渗透到石灰岩层下的雨水溶蚀而成。

石笋是指那些自洞底向上生长的钟乳石，而石钟乳则是指那些悬挂在洞顶的钟乳石。

地下水由渗入到地下的雨水汇聚而成，基坑内有时会出现地下水。

沙漠里也有地下水。在地下水涌出地表的地方，甚至还生长着刺葵属植物。

洞穴研究者像登山人员一样经常会用到麻绳，有时他们还必须潜水穿过地下湖。

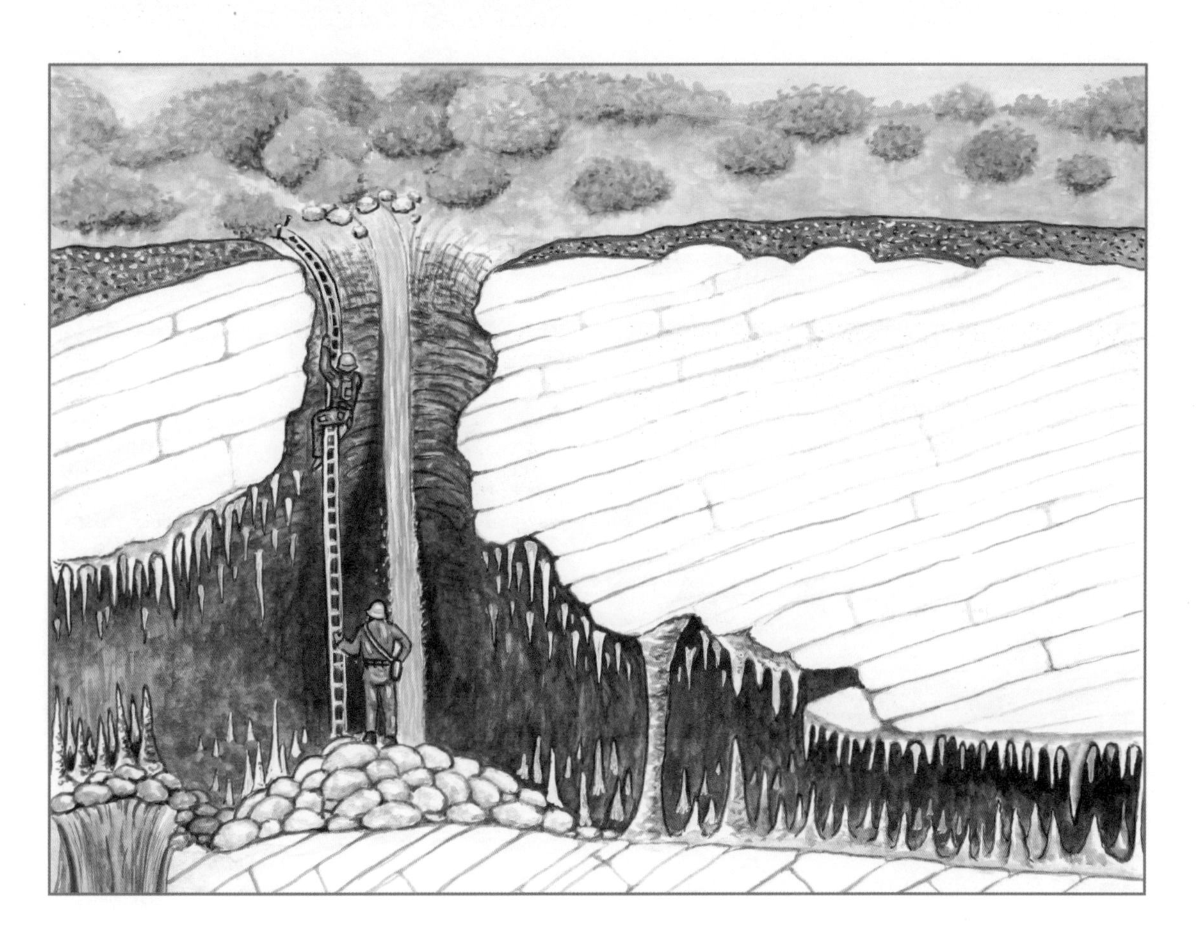

地壳由不同年龄、不同硬度的岩石组成，岩石是由不同颜色的矿物组成。

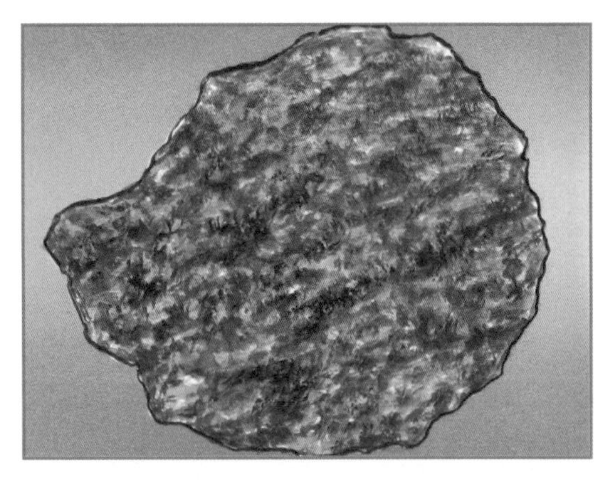

花岗岩质地坚硬，它色彩斑斓并会闪烁黑、白、银三色光泽。

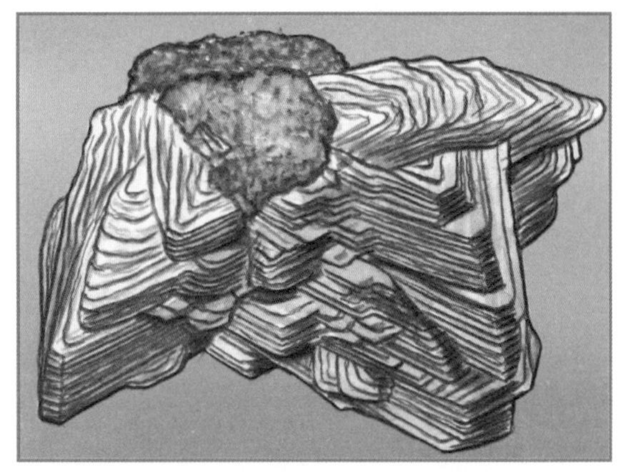

云母是花岗岩那闪闪发光色斑的构成成分，是它使花岗岩在太阳下闪烁着光泽。

花岗岩中的乳白色斑点由石英构成。此外，石英还可以用来制作玻璃。

长石常显示为乳白色，是地壳中最为常见的矿物，它也是构成火成岩的成分之一。

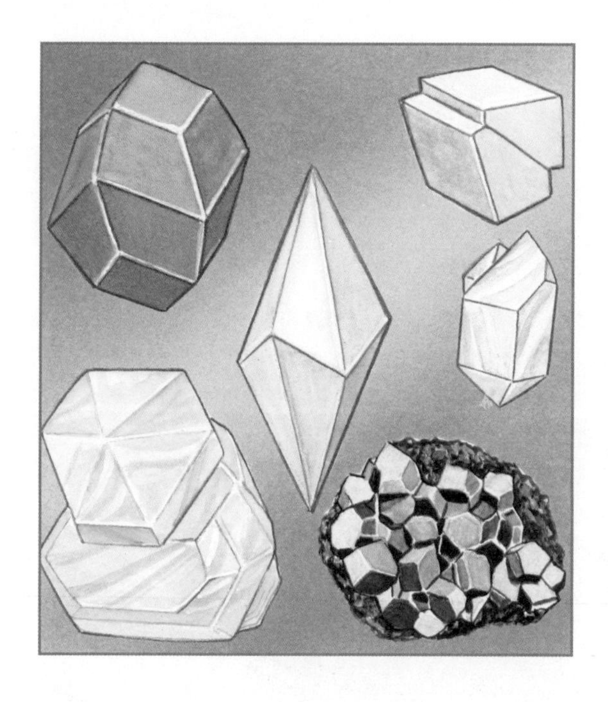

一些矿物造型美观、质地均匀，人们称它们为晶体。

宝石是一种十分少见的矿物，人们购买宝石后会将它们加工成珠宝首饰。

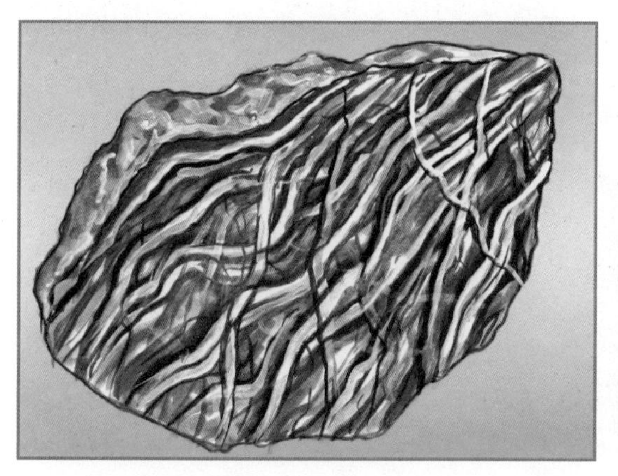

大理石是石灰岩在高温高压条件下转化而来的产物，它质地硬、耐磨损。

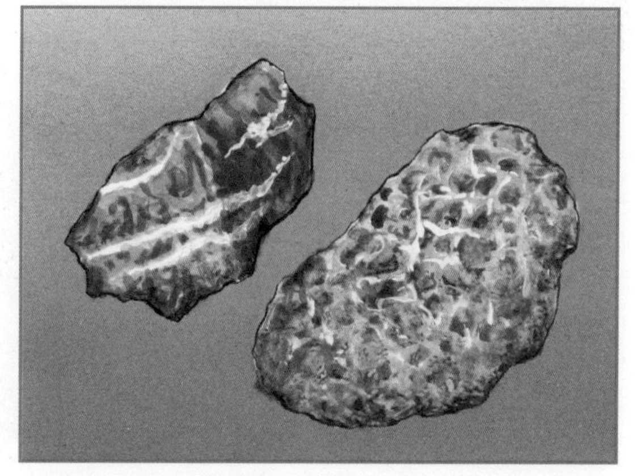

岩石碎裂成沙，沙可以再次变成岩石，人们称这种岩石为砂石。

煤、石油、矿砂和矿物都属于矿藏，煤和石油在数千万年前就已经形成了。它们在地球上的储藏量是有限的。

为了获取地下的煤，人们建造了带有长长的井状构造的矿井。煤炭的位置越深，燃烧得越好。硬煤是由植物遗体转化而来的，今天有煤的地方曾经是原始森林。

腐烂的植物先是变成了泥炭，然后泥炭在高压和隔绝空气的条件下变成了褐煤，最后形成了烟煤。

人们可直接使用挖掘机对其进行露天开采。露天开采经常发生在一整片区域内，有时甚至在墓园里。

人们在淘金时会先将沙子装入淘金盘中，经水洗涤后剩下的就是密度大的金子。

海上钻井平台可以开采那些蕴藏在海底的石油，海底石油由微生物转化而来。

有时候，人们会在岩石中发现已经灭绝的动植物遗迹或遗骸。我们称这些石化的遗迹或遗骸为化石。

始祖鸟的化石上只有骨骼和羽毛被保存了下来，科学家试图从中推测出这种动物曾经的样子。它嘴里有牙，翼带利爪。

角龙的牙齿告诉我们，这种体重达 10 吨的动物只吃植物。

菊石目同蛸亚纲动物外形相似，有些菊石的壳体和卡车车轮一样大。

1938年有人捕捉到了一条腔棘鱼，科学家们对此感到十分诧异，在此之前他们一直以为这种鱼早已灭绝了。

当动物的尸体慢慢被泥沙覆盖住后，化石就慢慢产生了，动物的骨骼也因此被保存在化石上了。

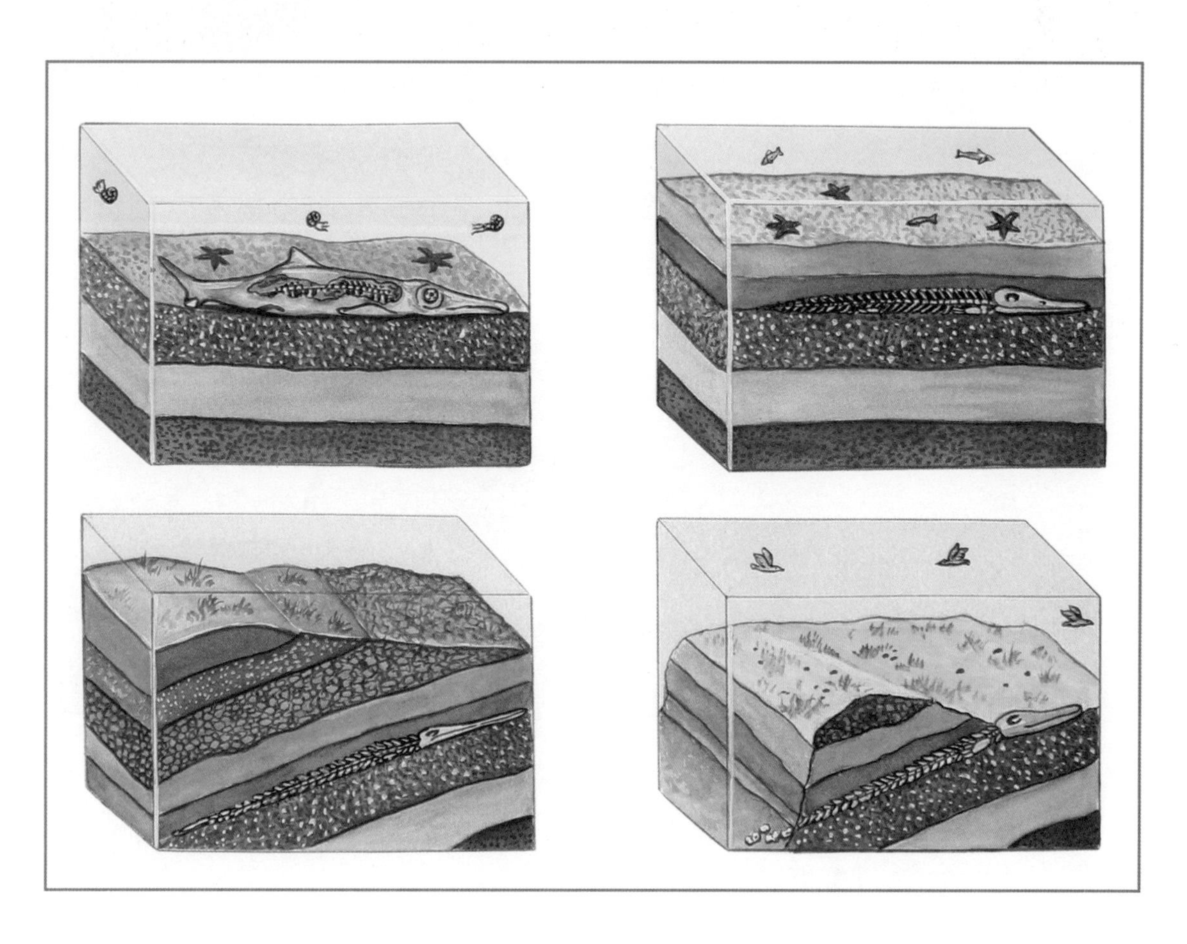

土壤为植物提供了养分，其中腐殖质层尤其肥沃，它主要由动植物的残留物质和水组成。

土壤中生活的动物将植物的坏死部分，如落叶，分解成为腐殖质。除了昆虫和蠕虫外，土壤里还生存着成千上万个微小的细菌和真菌。

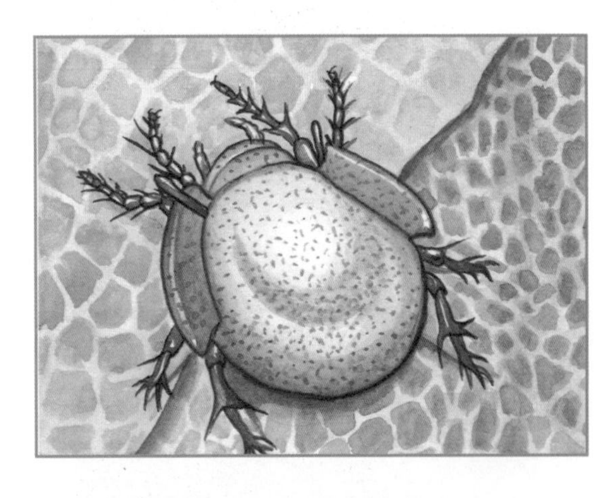

蜱螨亚纲包含 30000 多个物种，一些爬行在地面上的蜱螨看上去就像是一个个移动着的小点。

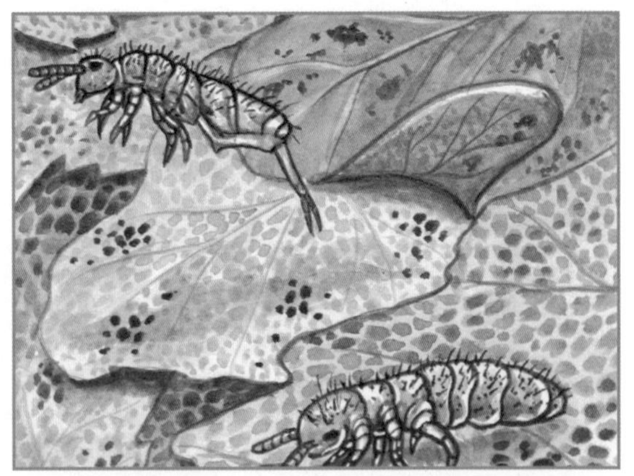

弹尾目动物以落叶为食，它们体形虽小，弹跳距离却十分惊人。

时间和季节

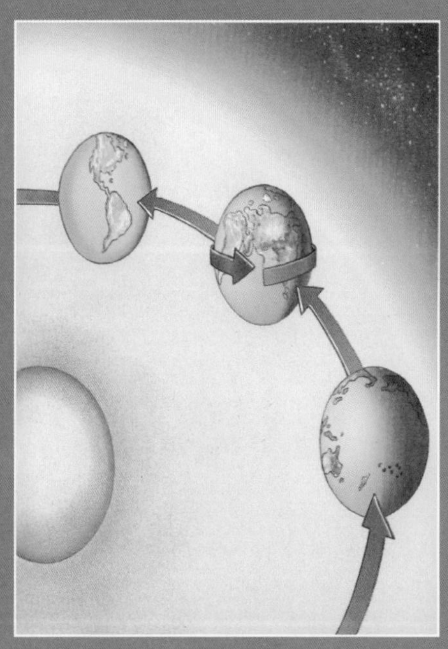

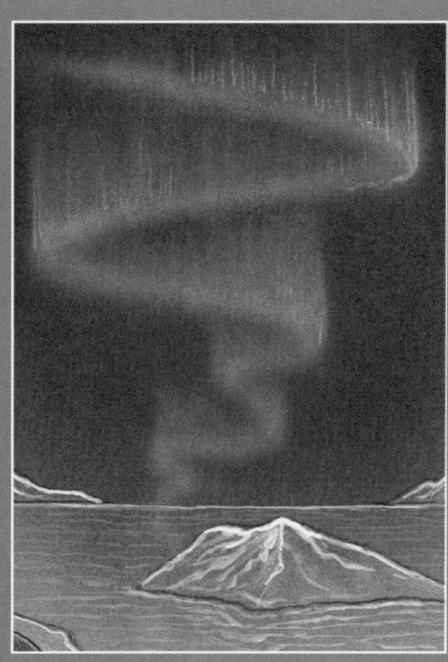

德国的学生早晨一觉醒来的时候，俄罗斯的学生早就在学校里了。晚上上床睡觉的时候，墨西哥的学生还在写作业。

地球围绕地轴转动一周所需时间是 23 小时 56 分 4 秒。在地球自转过程中，受到太阳照射的那一面是白天，而另一面则是黑夜，正午时分太阳悬挂在天空中的最高点。

用手电筒照射地球仪或苹果，假设手电筒就是太阳，你会看到只有半面被照亮了。

对于生活在地球上的我们来说，看起来好像是太阳在起起落落。它从东方升起，正午位于南方，由西方落下。而实际上并非太阳在动，而是地球在动。

早晚的太阳光是红色的，这是因为早晚的太阳是斜射，光线在穿过大气层后到达了地面。

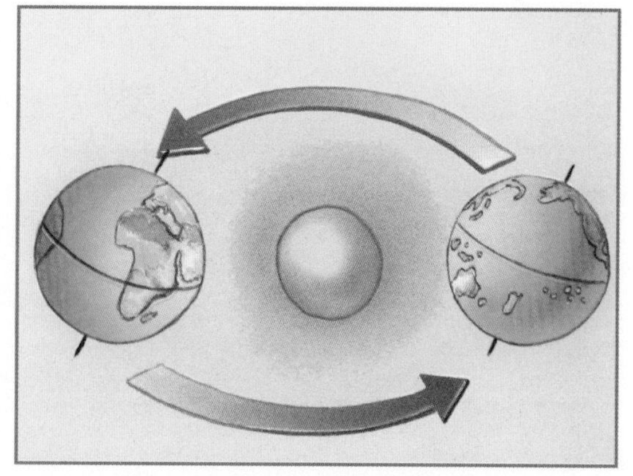

地轴本身是略微有些倾斜的。这就是为什么北极在出现半年白昼时，而南极却是黑夜。

在中欧地区，全年气温并非始终保持不变。人们将一年划分成四个季节：春季、夏季、秋季和冬季。

春天，阔叶树长出了淡绿色的新叶，晚春时候阔叶树会开花。

夏天，叶片中的叶绿素会将太阳光转化成树木生长所需的能量。

秋天，树上的果实成熟了，树叶也变得色泽鲜艳并在不久之后脱落。

冬天，阔叶树的叶子全部落光，这样树枝就不会被积雪压断了。

当北极出现极昼现象时，南极就会出现极夜现象。半年后南极会出现极昼现象，而北极则出现极夜现象。

夏天的夜晚要比冬天的夜晚短。当你一路向北，来到北极圈附近时，夏至日这天整个北极圈内都会出现极昼现象，即使到了午夜太阳还是低悬在地平线上。

北半球高纬度地区在冬天时是见不到太阳的。越往北的地方，出现极夜的时间就越长。

在北极点，太阳一年只升落一次。

如果没有太阳的光和热地球上就不会出现生命，地球在围绕太阳运转时阳光照射在地球上。

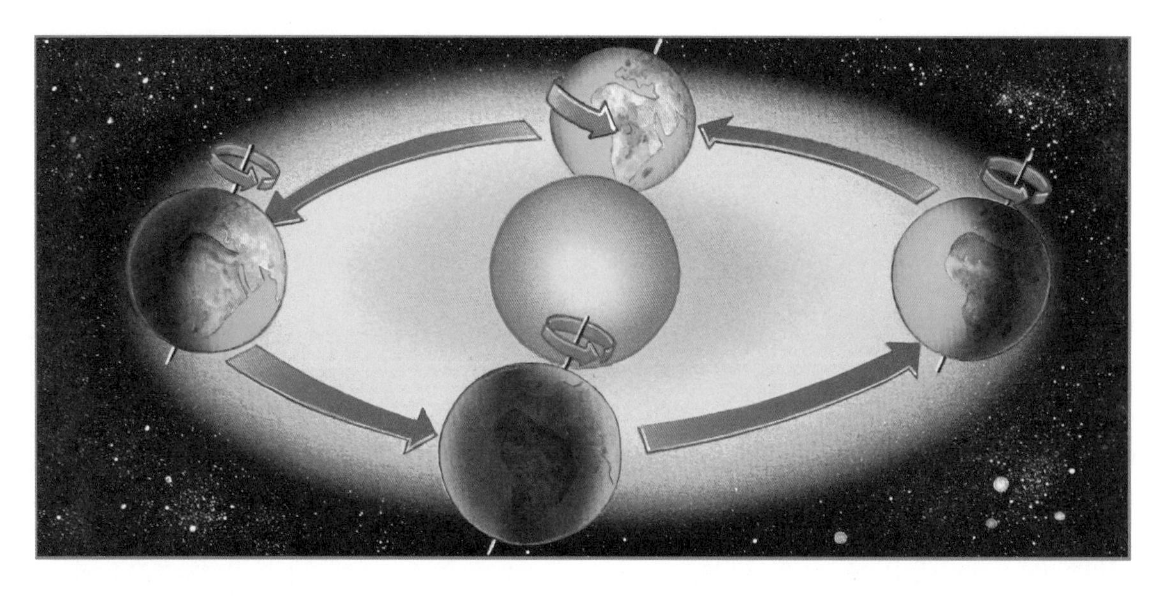

地球环绕太阳运转一周所需时间为一年。在地球公转的过程中，地球各地接收到太阳的光和热按照季节的划分而有所不同。

波兰只有夏季和冬季，而热带地区全年都是夏季。

正是因为没有受到寒冷天气的影响，所以热带的树木才能开花结果。

南半球的圣诞节是在夏季中度过的，圣诞老人可以在这里冲浪。

地球就像一个微微斜立着的陀螺。因此当南方是冬季时，北方则是夏季。

化石向我们讲述了一些关于生物的历史，在非常古老的岩层中人们可以找到最古老生物的遗骸。

生命最初出现在水中，最初的鱼身子扁平，没有颌骨。

两栖纲动物从鱼进化而来，它们在陆地上生活，但却在水中产卵。

在距今2亿至6500万年前地球上生活着恐龙。当时，欧洲的一部分地区被浅海覆盖，浅海中生活着鱼龙、鳄鱼和龟鳖。

在 6500 万年前一颗陨石同地球发生了碰撞，也许这就是古爬行动物灭绝的原因。

最先出现的小型哺乳类动物适应了完全不同的生活空间。

人类是地球上出现得最晚的物种之一，一开始生活在温暖的非洲地区。

后来人类逐渐适应了寒冷地区的生活，这可能同人类学会使用火种有关。

大气层

人们将那层包围在地球周围的空气称为大气层，它由许多不同的气体组成，而人需要呼吸氧气。

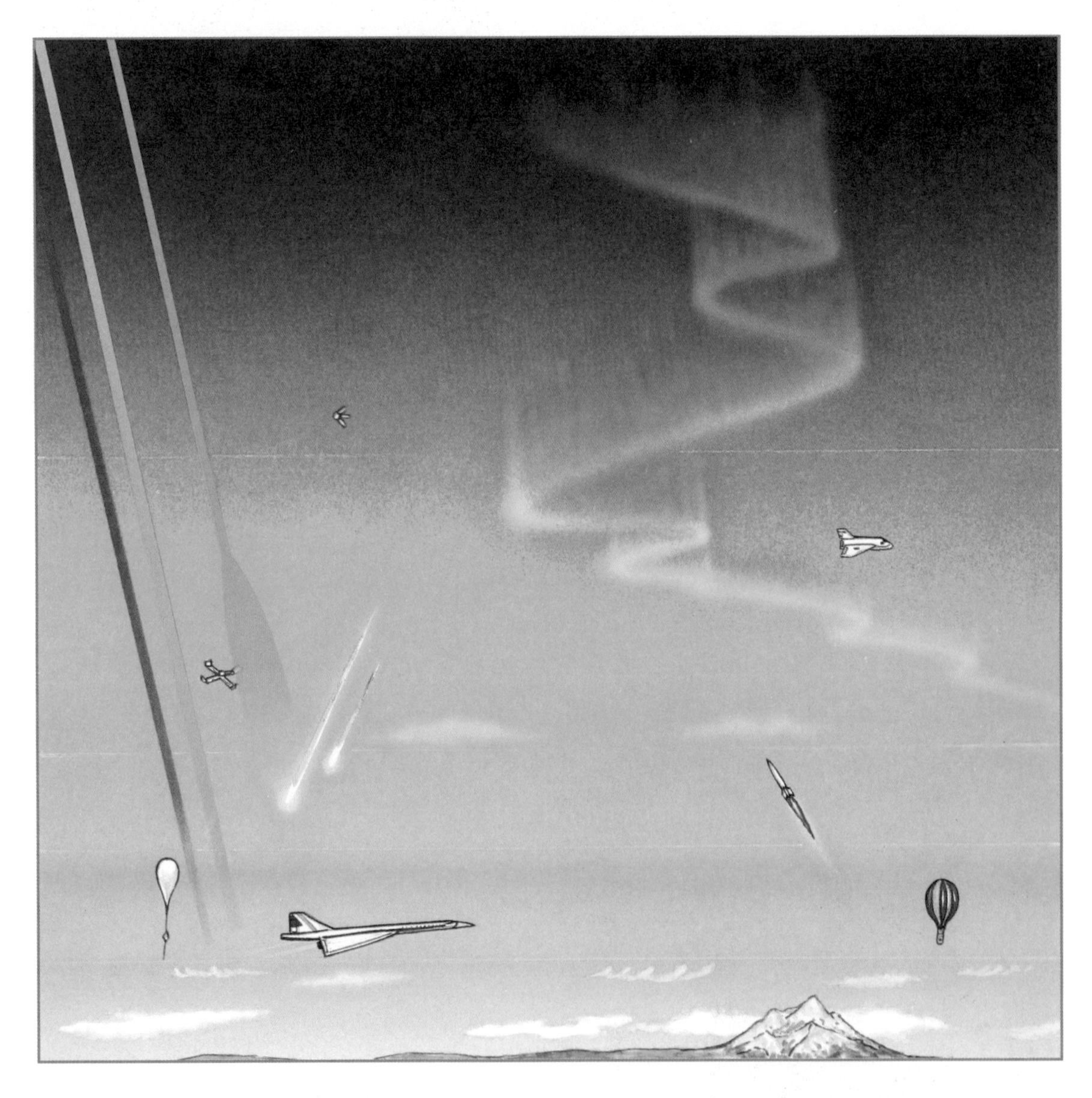

大气层由许多层面组成，当一架飞机飞行在平流层中时，飞机上的人经常可以看见下面对流层中的云朵。天气现象发生在对流层内。

极光出现在极点附近的大气层中，看上去如同彩色帷幕一般。太阳风所释放的能量就是极光的成因。

由太阳粒子组成的太阳风被吸引到极区，大气层阻碍了这些粒子并使其发光，极光的形状和颜色各不相同。

大气层可以阻挡来自宇宙的天体碎块，这些碎块在进入大气层后会化身成流星燃烧殆尽。

气象气球能够在高空测量风速、空气湿度和气温。

日照导致了海水蒸发。在低温的大气层中水蒸气再次变成了水滴，这就是云的形成。

由巨大的水滴组成的云颜色昏暗，白色云朵内部含有的水量少，从而形成温暖明媚的天气。卷云形成在高空中，它们由冰晶组成。

气象产生自地球上空的大气层中，许多气象观测站、气象气球和气象卫星搜集关于天气现象的数据。

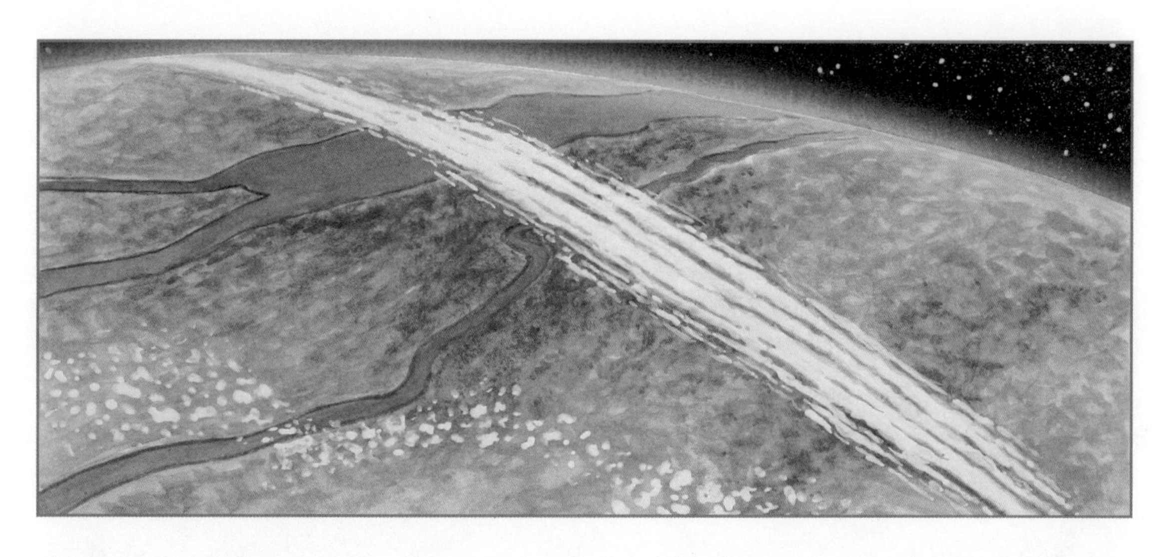

喷流和急流在 10 至 15 米的大气层中以每小时 550 公里的速度疾驰而过，在这些喷流过后大部分情况下会出现低压区，人们可以通过雾蒙蒙的卷云认出它来。

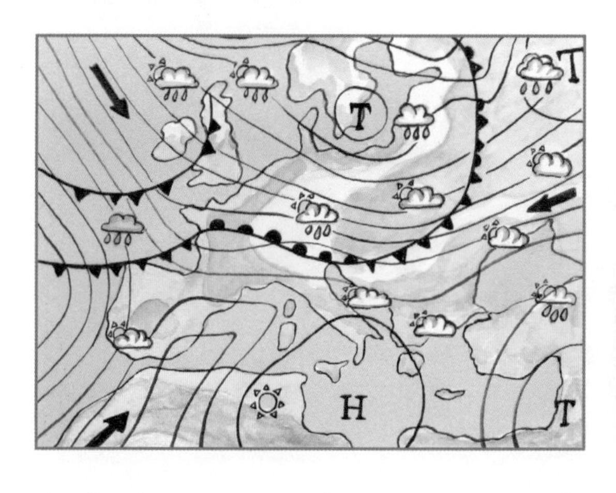

气象图可以显示出明天哪里阳光灿烂，哪里要下雨。这些预报大部分都与实际相符。

雷雨云中冰晶和水滴彼此凝结在一起，于是出现了闪电。

当气压出现差异时，就会产生风。风从气压高的地方吹向气压低的地方。

人们以风吹来的方向给风命名，例如东风是指从东方刮来的风。

风可以发挥巨大的能量，几百年前人们就开始尝试利用风能。

风可以驱动风力涡轮机的叶片，风力在那里转化成了电流。

在荷兰和东弗里斯兰的沿海地区还存有一些古老的风车。

德国总是刮西风，而时速120公里以上的风被人们称为飓风。

尤其是北美洲地区总会出现小型猛烈的旋风暴，也就是龙卷风。

从空中降落到地面上的水被称为降水，最常见的形式是雨水，它对于植物、人类和动物来说是必不可少的。

降雨程度有强有弱，可以是蒙蒙细雨，也可能是倾盆大雨。

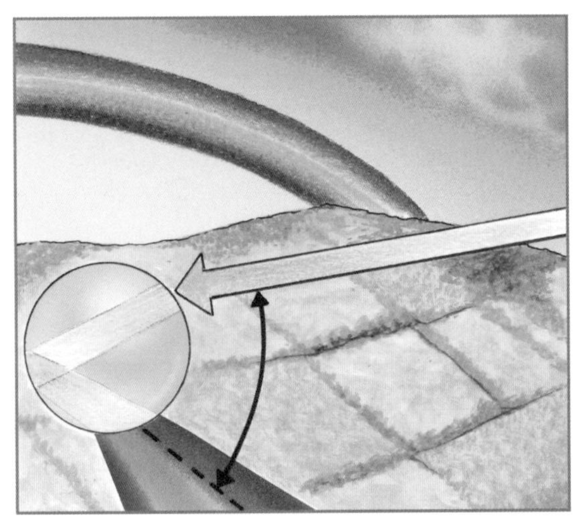

天空中偶尔会出现彩虹，这是因为太阳光进入雨滴之后发生了折射现象。

山脉迫使空气向上流动，这时空气的温度就会下降。空气中的水形成水滴，生成了云。当水滴过重的时候，就会降雨，因此山脉间经常下雨。

当天气寒冷时，云中水汽会凝结形成冰晶，冰晶继而结合在一起形成雪花。

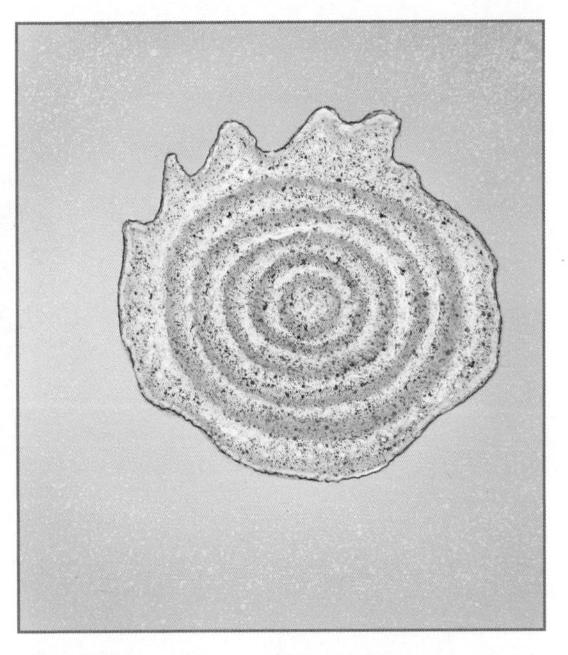

在积雨云中，冰晶反复回旋上升并凝结冰层，于是就出现了冰雹。

雪崩是指大量雪体突然从山坡上向下滑动。
雪崩能够将活人掩埋，那些远离滑雪道去滑雪的人常常会引起雪崩。

风化和剥蚀

地球表面处在缓慢而又持久的变迁中：岩石风化、高山剥蚀、湖泊变成陆地以及火山出现。

波涛猛烈地撞击着基岩海岸上的岩石，导致部分岩体彼此分离，人们称这种现象为剥蚀。这就出现了海蚀柱和海蚀门，并且海湾内细沙堆积。

柔软的岩石很快就被风化成了坚硬的石块，石林上剩下的坚硬石块看上去就像帽子一样。

勃朗峰这座宏伟的山峰在时间的流逝中同样被风霜侵蚀。

水

地球表面的三分之二被含盐的海水覆盖，地球上的淡水只占地球总水量很小的一部分。

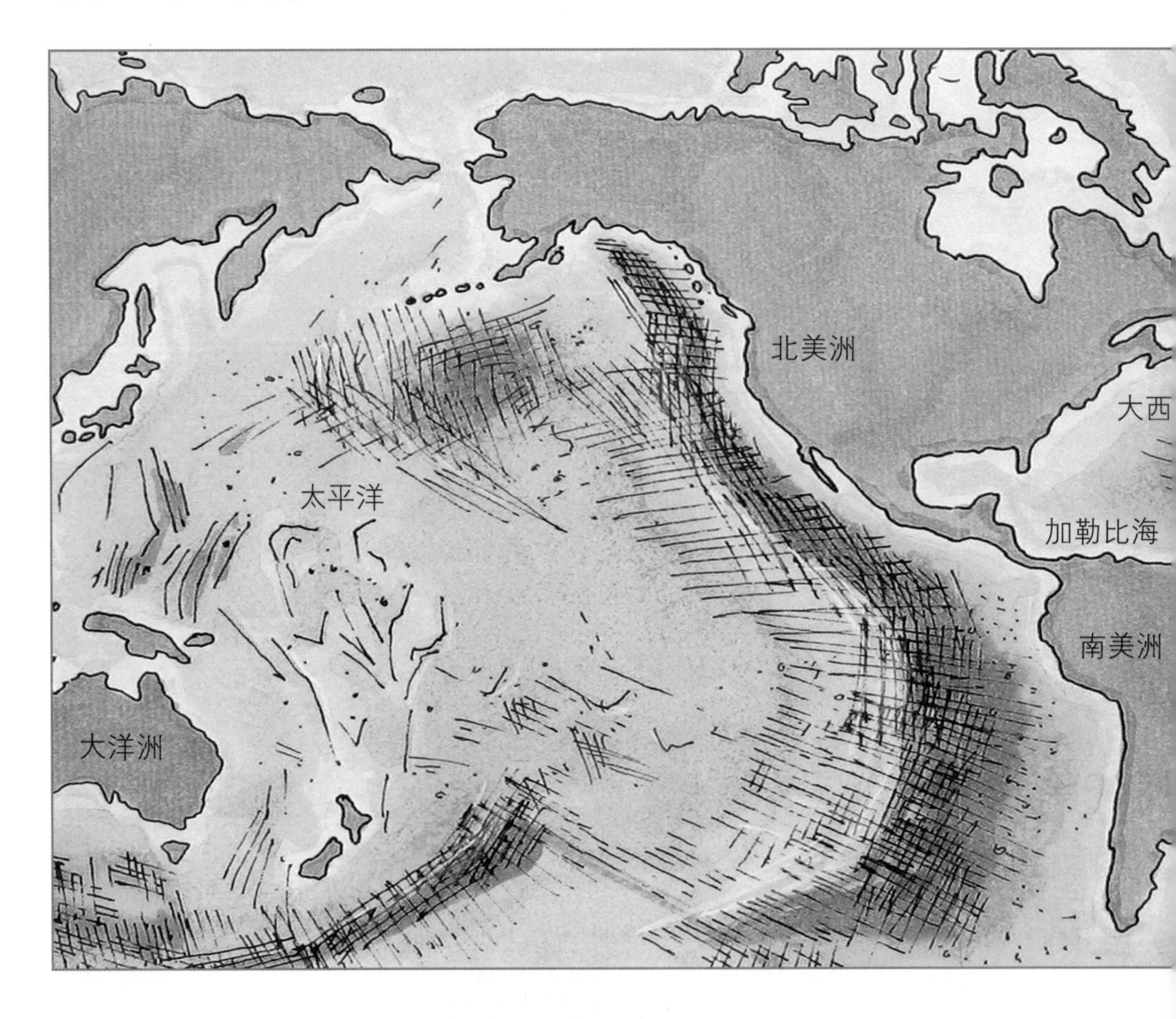

地球表面绝大部分覆盖的是海水。淡水资源不足地球总水量的十分之一，其中的四分之三又来自冰雪。

地球上绝大部分淡水属于地下水和土壤水分，只有一小部分淡水来自河流湖泊。

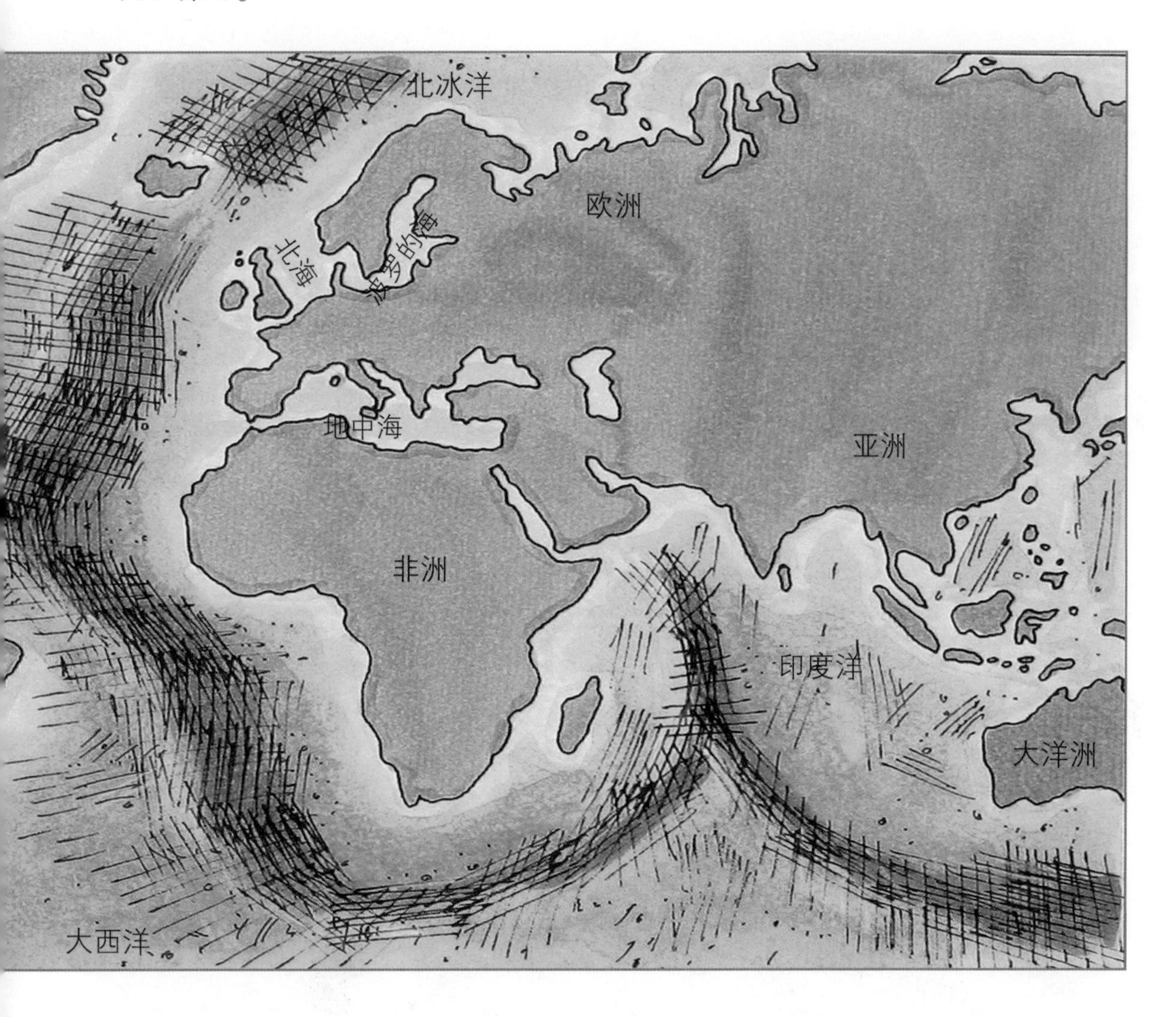

河流湖泊淡水总量为124000立方千米，不足地球总水量的百分之一。

如果你想去北海游泳，说不定那里刚好一滴海水也没有。这种情况就是退潮，当涨潮时海水又会再次回来。

退潮时海水退去，岩石海岸上露出了许多小型动物，它们在那里等待着再次涨潮。岩石海岸动物资源特别丰富，岩石缝隙中隐藏着像章鱼等诸多种类的动物。

一天之内海岸上的海平面会两涨两落，因为海水受到环绕地球运行的月球的引力影响。

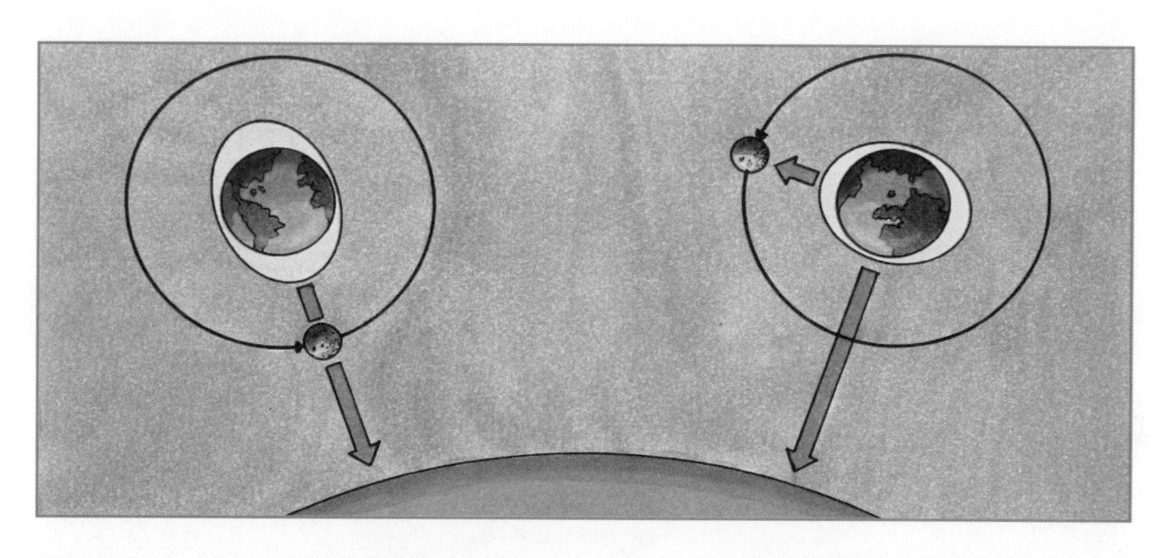

月球的引力使朝向月面的海水水位上升，太阳对地球上的海水同样存在引力作用。当太阳和月球的引力变大时，潮水涨得尤其高，人们称之为大潮。

海岸线上的一些小山在涨潮时会变成岛屿，但到了退潮时人们就能够登陆上岸了。

当大潮伴随着风暴出现时，可能会击毁堤坝，导致各地洪灾泛滥。

海岸线总在不断变化着，海水侵蚀岩石海岸并将沙砾冲到岸边另外的地方，于是就形成了海滩。

在沙滩或泥滩表面人们经常可以看到螃蟹，另外还有沙蠋、贝类等一些动物隐藏在沙子中。鸻形目鸟类可以将这些动物从泥沙中啄食出来。

人们为了防洪在许多岸边都修筑了堤坝，堤坝面向海洋的一侧需要加固。

在修筑堤坝时，面向海洋一侧坡度较缓，面向陆地一侧坡度较陡。人们在堤坝后面排去水的土地上进行农耕。北海一些古老的堤坝已经有1000 多年的历史了。

在一些海岸上，人们为了保护岸边的岩石会修建堤坝拦截海浪。

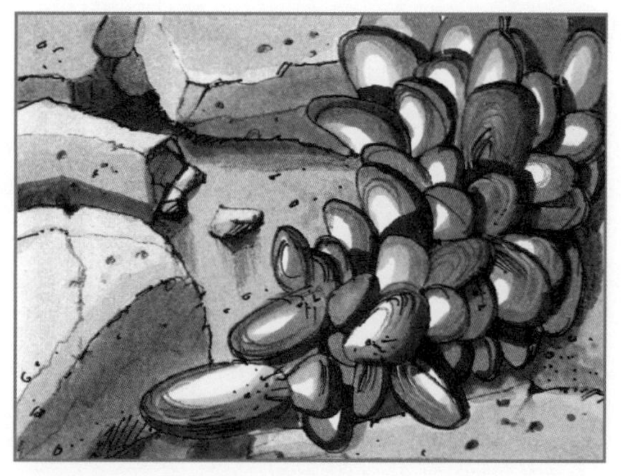

在法国，人们在水下养殖贻贝。贻贝不仅味道鲜美，还可以净化水体。

许多人都喜欢到海滩度假。那里的海岸地势平坦，海水将沙子冲到岸边，然而海岸的类型可不单单只有这一种。

椰子树在热带海滩十分典型。椰子树的果实，即椰子，经常能够在海面上漂出很远，海水中的盐分对椰子没有丝毫影响。当椰子被海水冲上岸时，也许会长出一棵新的椰子树。

峡湾曾经是冰河纪时期的冰川谷，当冰川融化之后，山谷就被水浸没了。

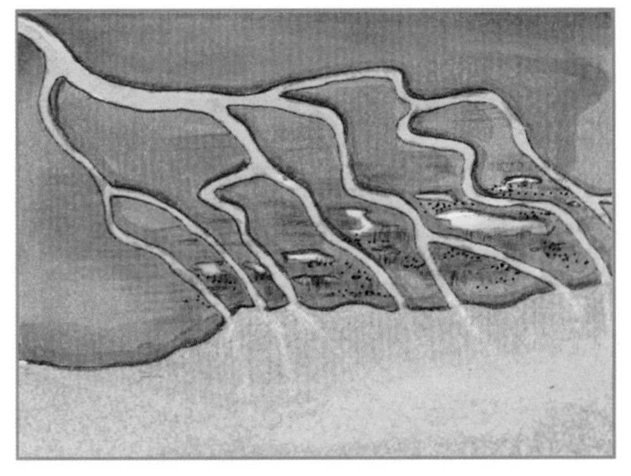

河流在入海的地方会将自身携带的泥沙卸载下来，于是就形成了支流众多的三角洲地区。

因为海岸上的岩石遭到海水的冲刷侵蚀，在英国已经有许多地方沉入大海了。

在平原海岸上，海浪还没等到达沿岸就已经变得粉碎。冲浪者们十分喜爱这种海浪。

岛屿的成因分很多种。火山岛是从海底升上来的，如果海平面上升的话，也就只有山尖还能露出海面。

吕根岛是德国最大的岛屿，位于波罗的海。岛上白色的白垩岩十分有名，它形成于很久之前的海底，由有多胚孔动物的外壳演变而来。

越南的下龙湾有超过1600座由石灰岩组成的岛屿，岛屿上洞穴很多。

岛屿经常形成于那些流经平原的河流之中，布拉格市就有一座岛屿位于伏尔瓦塔河上。

英国的怀特岛之所以会出现，是因为它周边地区都被海水淹没了。

当火山岛沉没时，浅海地区就会出现珊瑚，那里生活着各种各样的鱼类。

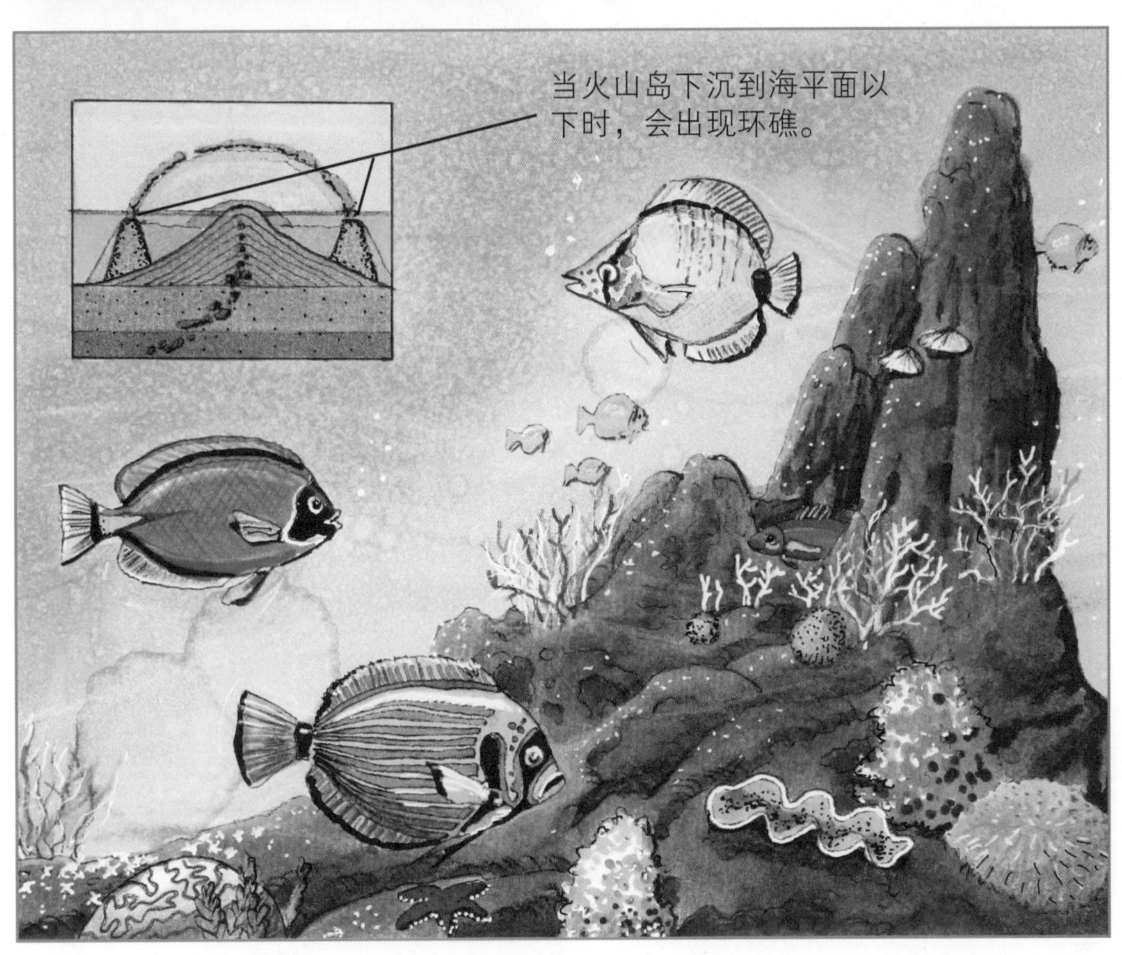

冰川是巨大的冰体，它们携带岩石和碎石缓慢地向山下流动，此时也对石壁进行了磨蚀。

冰川出现在山顶，因为那里经常降雪。积雪转化成冰后会缓慢下滑，于是就出现了冰川。山谷内冰雪融化，汇集成了冰冷的溪流。

在冰河纪时期，欧洲大片地区都被冰川覆盖。1 万年前在德国生活着驯鹿、披毛犀和猛犸。

冰川的质量很重，它会剥蚀岩石，挖蚀深槽。此外，还会运送碎石，并将其堆积在冰渍层。今天欧洲的许多地貌都可以追溯到冰河纪时期。

当欧洲气候变暖时，冰川消融，山谷会呈现出 U 字形。

这些岩石碎块被融化的冰川留了下来，冰川融水通常会将这些漂砾带到几百公里之外的地方。

在极度寒冷的地区会形成大陆冰盖，它会朝向海洋的方向漂浮。冰川临海一端断裂后，就会形成冰山。

冰山在海洋上漂浮，直到漂到温暖的海域融化，游轮泰坦尼克号因撞上冰山后沉没。但其实，人们能看到的只是冰山一角，它的大部分体积都在水面下。

破冰船是用于为客轮和货轮开辟航线、破除冰封港口的船只。

当南极冰川部分断裂掉入海中时，人们会用“冰川崩解了”来描述这种场景。

格陵兰岛的冰雪很厚，因为当地不停地下雪，积雪从来没有完全消融过。

浮冰是冷冻的海水。而冰山是由淡水组成，冰山冰的平均年龄都在 5000 岁以上。

溪流源自泉水和冰雪融水，它从高山流向谷地，经常会由许多溪流汇聚成一条河流。

大部分河流的上游只是一条小溪，此处地势最陡。河水到了中游便开始缓缓而流。到了下游河流汇聚成了一条大河，并形成了广阔的冲积平原。

河的上游和下游生存着许多不同种类的鱼，上游的水清澈、寒冷、快速，而下游的水缓慢、温暖、泥泞。

河流上游是亚东鲑的故乡，它们生活在冰凉的、含氧丰富的水源中。而鳟鱼则以昆虫幼虫和小型鱼类为食。

鲃鱼在河流中游寻找食物，它也会捕食小型鱼类。鲤鱼生活在河流下游，那里水底浑浊，水温要比上游高一些。

亚马逊河发源于安第斯山脉，最终流入大西洋，它是世界上水量最大的河流。

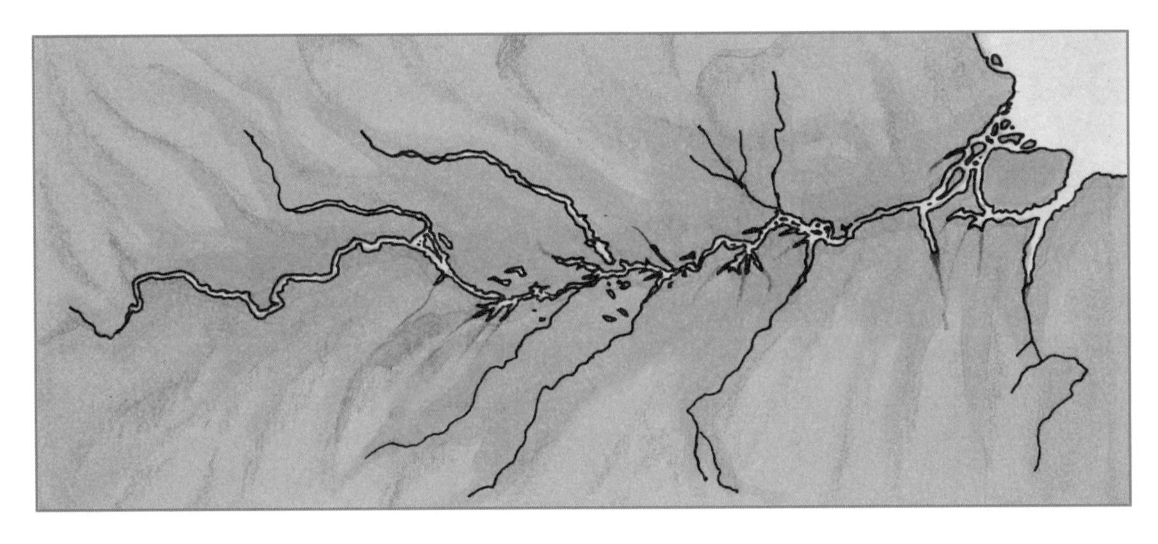

亚马逊河是世界第二长河，流经南美洲北部地区，河水来自世界最大的热带雨林。

在南亚，种植水稻需要大量水源。图中，雨季里的河水漫过了层层梯田。

河流很少是永远直行的，河水在遇到坚固的岩石时会绕道而行，这时河流就发生了弯曲。

人们为了防洪、航运和发电，会对河道进行整改。

尼亚加拉瀑布、维多利亚瀑布和伊瓜苏瀑布并称为世界三大跨国瀑布。

大型河流都属于交通干线，大大小小的船只运送着货物，或逆流而上，或顺流而下。

水坝能拦蓄河水，形成水库。然而大坝两岸的自然景观、生态环境却因此遭到了破坏。

与海洋不同，大多数湖泊都是淡水湖，是饮用水的主要来源。

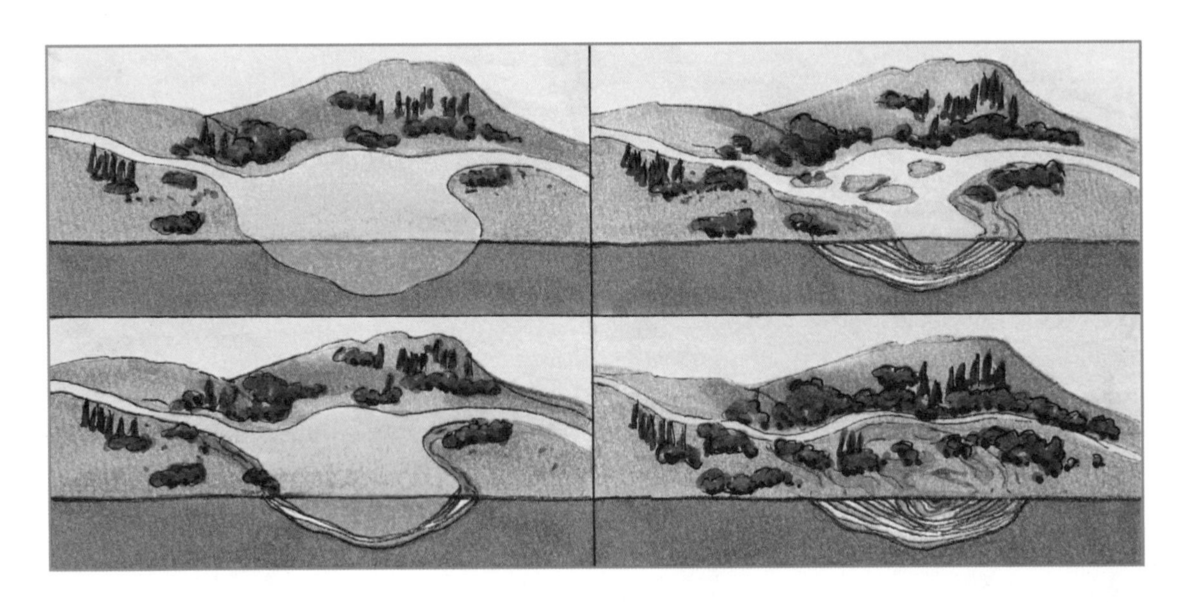

通常来说，湖泊的形成时间都不太长。河流携带沙子进入湖泊中，慢慢地将其填满，湖泊会逐渐变成陆地。如果湖泊变得越来越浅，四周长满了茂密的植物，那么它最终将变成湿地。

里海是世界上最大的湖泊，湖底能够开采出石油。

在寒冷的冬季湖面会结冰，但由于冰层常常过薄，所以并不能在上面滑冰。

生活区域

大部分山脉都是因地壳运动而产生的。沿一定方向延伸，包括若干条山岭和山谷组成的山体，因像脉状而被人们称为山脉。

喜马拉雅山是世界上最高的山脉，其主峰珠穆朗玛峰是世界最高峰，高达 8844.43 米。

海拔 6959 米的阿空加瓜山是南美洲最大的安第斯山脉的最高峰。

海拔 6193 米的麦金利山是北美洲最高的山峰，位于美国北部的阿拉斯加。在阿拉斯加和西伯利亚的中间地带地震频发。

阿尔卑斯山脉最美丽的山峰是马特洪峰，海拔 4478 米。

乞力马扎罗山脉是非洲最高的山脉，它由三座火山组合而成。

奈乌鲁赫山是位于新西兰汤加里罗国家公园里的一座火山。

它位于新西兰北岛的中心地区，直到今天仍旧处于活动状态。

阿尔卑斯山脉

阿尔卑斯山脉是欧洲森林覆盖率最大的山脉，很久以前生活在那里的人们以农业为生。今天大部分人以旅游业为生。

人们在爬山途中，会看到完全不同的植物。首先人们会穿过阔叶林，其次是针叶林，再往上走只有草原。山脉最上面则是终年的冰雪。

阿尔卑斯山上生活着许多典型的动物，如北山羊、岩羚羊、旱獭、雪兔和小型的高山蝶螈以及阿波罗绢蝶。

夏季，北山羊和岩羚羊生活在雪线附近，它们以禾本科植物和草本科植物为食。冬季它们会进入山谷以嫩芽和藓类为食。

夏天生活在高山牧地的奶牛到了秋天会被带回到山谷中的牛棚里。

滑雪旅游业对大自然造成了威胁，在人们伐木建造雪道的地区易发生雪崩。

山上的人们生活在村庄里，山谷中的空间对于大城市来说显得过于拥挤。人们在山里的生活十分艰难，不论是在阿尔卑斯山还是在安第斯山。

喜马拉雅山有很多地处偏远的寺庙，那里生活着许多隐居僧人，就这样孤独终老，他们过着简单而又有序的生活。

在安第斯山脉间人们发现了马丘比丘城遗址，它由印加人所建。

很久以前天山上的人们带着牲畜四处流浪，他们居住在兽皮制作的帐篷里，也就是蒙古包。

斯凡人生活在高加索山脉上，他们的房屋建有多楼层的防御塔楼，看上去像堡垒一样。

在阿尔卑斯山，许多房屋或多或少都是由木头建造，因为木头可以防寒。

沙漠里几乎没有水源，因此仅有少数植物可以在沙漠中生存。并不是所有的沙漠都是沙质的，沙漠也分为许多不同的类型。

提起撒哈拉沙漠人们就会联想到沙质荒漠，但撒哈拉沙漠的一大片区域却是多石的，这种沙漠叫做岩漠。

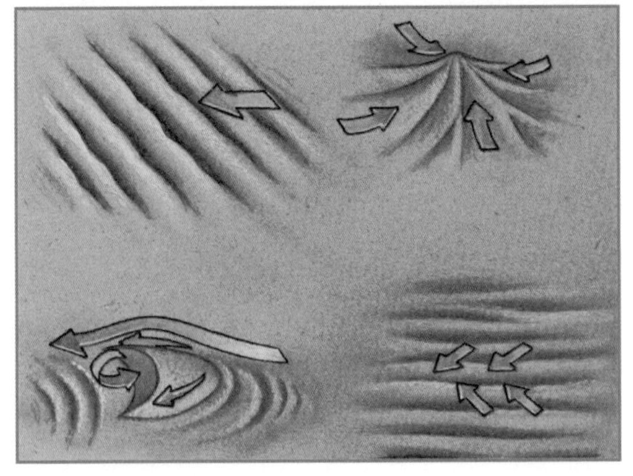

在沙质沙漠中，风将沙子堆积成沙丘。如果沙丘继续移动，那么它们就是移动沙丘。

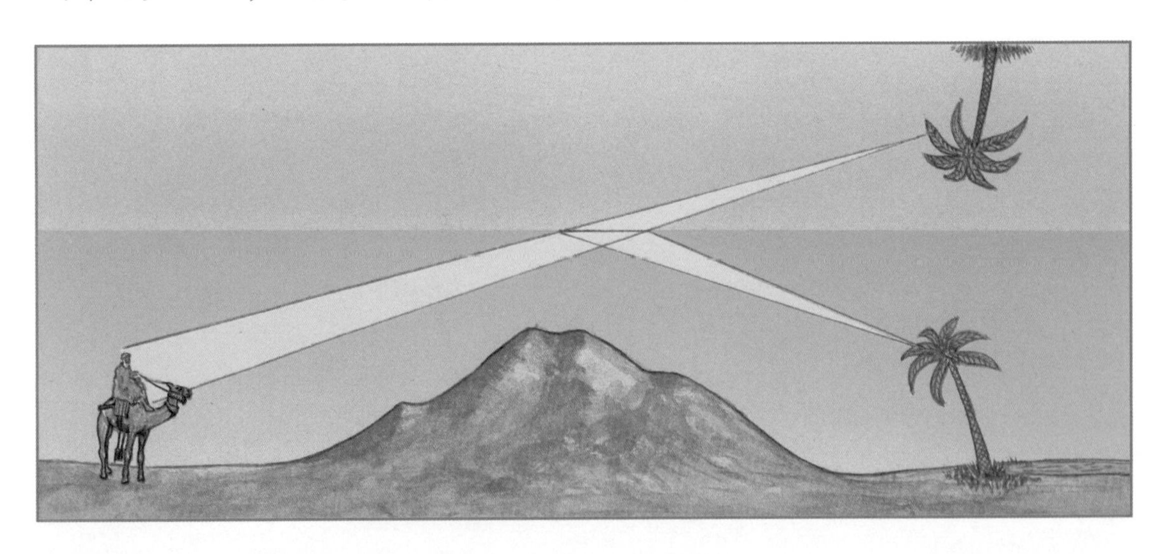

复杂蜃景是物体在不同温度大气层中的影像，因为光线在经由大气层时被反射了，因此尽管绿洲在小山之后，人们隔着小山也能够看到。

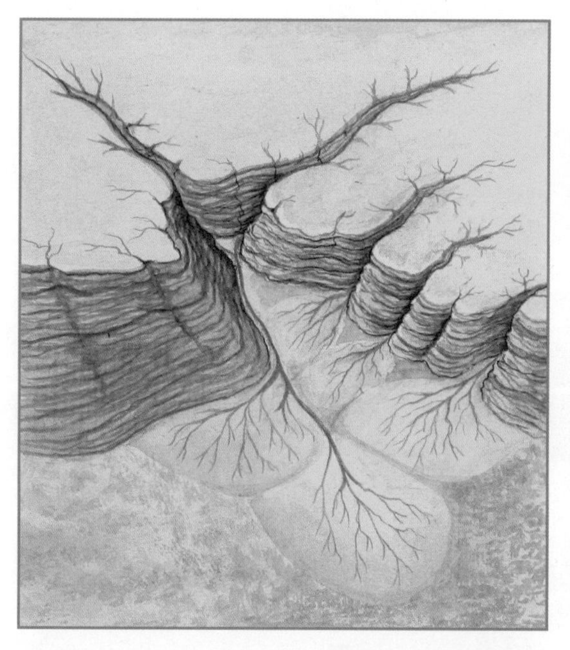

当沙漠中下雨时，雨水会流出干涸的山谷——旱谷，并冲走一切。

驼队熟悉世界上最大的沙漠——撒哈拉沙漠中仅有的几处水源。

纳米布沙漠几乎从不下雨，但生活在那里的动物也需要喝水来维持生命。

甲虫会等背上的露水冷凝成水珠之后将其喝掉。

沙漠里的动物都已经适应了干旱。许多动物夜间很活跃，为了避免体内水分的流失，许多动物的粪便十分干燥并从不排尿。

耳廓狐的耳朵很大，它凭借耳朵帮身体散热。当耳廓狐感觉到危险时，会用闪电般的速度在沙子里挖洞躲藏。耳廓狐白天睡觉，夜里出来捕捉老鼠、蜥蜴和昆虫等。

为了能够在干旱中存活下来，沙漠中的许多植物都会在根、茎、叶中贮存水分。

仙人掌非常适合干旱的气候，其退化的叶子大大减少了体内水分的流失。雨水过后仙人掌开出的粉色花朵点缀了沙漠。

一些鲜花的种子会在土壤中待上好几年，直到雨水来临它们才会发芽开花。

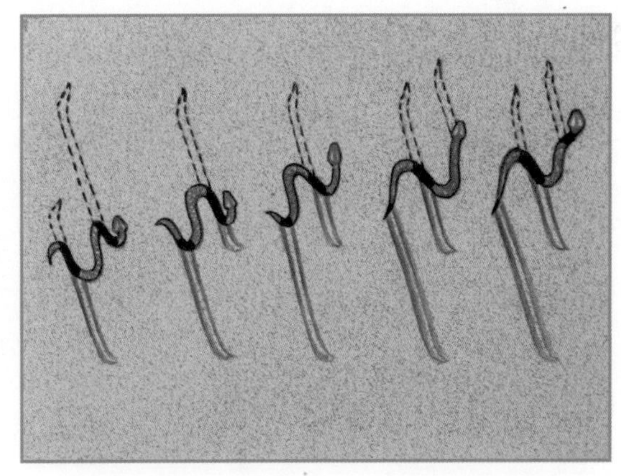

沙漠蝰蛇的移动方式是侧行式，这样可以避免蛇身陷入沙子之中，通过这样的移动方式蝰蛇可以在沙漠中快速游走。

沙漠中人口稀少，人们已经适应了沙漠地区干燥炎热的环境。

布须曼人是生活在卡拉哈里沙漠的采集和狩猎民族，他们十分喜爱蜂蜜。蜂鸟会为他们指明通往野蜂巢的道路。

在今天的沙漠里，路上的汽车比驼队还要多，车中需要携带大量的水和汽油。

绿洲是指沙漠中水源充足、绿树成荫的地方。

只有少数贝都因人还生活在帐篷里，他们的帐篷由驼毛和羊毛编织而成。

在摩洛哥的沙漠城市，人们生活在塔楼中，因为那里的通风条件要比直接住在地面上好。

草原上的降水对于森林来说太稀少了，但对于青草、灌木丛和有些树木来讲却是降水充足，那里每年都会下几场倾盆大雨。

有些草原被当做牧场使用。中亚地区有许多大型的卡拉库耳大尾绵羊群，它们硕大的尾巴可以为干旱断粮的季节贮存脂肪。

在北美洲，人们为了种植粮食将草原改造成了大片的耕地。

瞪羚、羚羊和角马以草为食，它们过着群体生活，在遇到狮子时会快速逃离。

在南美洲的彭巴平原上，高楚牧人在牧牛放羊。

匈牙利大平原是人们建造出来的，这里曾经是一片森林。

热带雨林气候炎热，几乎每天都会下雨。这里生活着地球上半数的动植物物种，但如今它们的生活正面临着威胁。

浓密的树冠中生活着吼猴，人们从3公里外的地方就能听见它们的叫声。安静的树懒是挂在树枝上度过一生的，它们一周大概只会从树上爬下来一次。

热带雨林生长在赤道附近，位于南亚的婆罗洲是世界第三大岛，岛上生长着大片的森林。

生活在婆罗洲的达雅族生活在长达 100 米、用木桩架构起的房屋内，这样房屋就不会被水淹没了。达雅人通常食用在深林中采集到的果实，捕猎时会使用吹箭。

在许多热带雨林中，人们开垦大片森林用来发展农业。种类繁多的物种因此面临着严重威胁，其中的很多已经灭绝了。此外，森林的消失也造成了地球气候的变迁。

欧洲的大部分森林都是阔叶林和针叶林的混交林。人们常常只栽种针叶林，因为它们长得更快一些。

森林里生活着狍子、鹿、鼬、狐狸和松鼠。当你清晨在林间漫步时，可以听到许多小鸟在歌唱。你见过大斑啄木鸟吗？它在树干上寻觅昆虫作为食物。

欧洲森林中的许多树木并非最初就生长在这里，而是在苗圃中培育成活后移栽过来的。

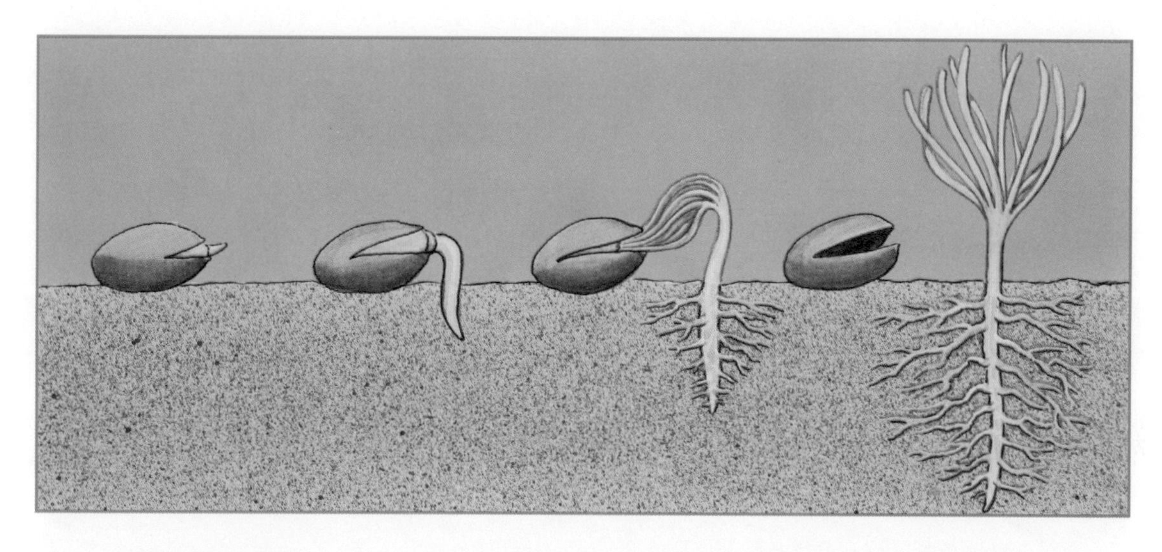

橡子是橡树的果实。这些种子经常被松鼠和松鸦当做存粮埋藏起来，然后又被它们忘到了一边，如此一来这些种子就慢慢发芽了。松果的鳞片里同样存在着小小的种子。

橡树凭借它粗壮的主根经受得住风暴的袭击。而云杉根系浅，就很容易被暴风刮倒。

山毛榉果是欧洲山毛榉的种子，其果实的味道尝起来像坚果并且含油量大。

砍伐哪些树木由护林员决定。被砍伐的大部分都是一些又大又老的标本、病树以及其他生长太过密集的树木。

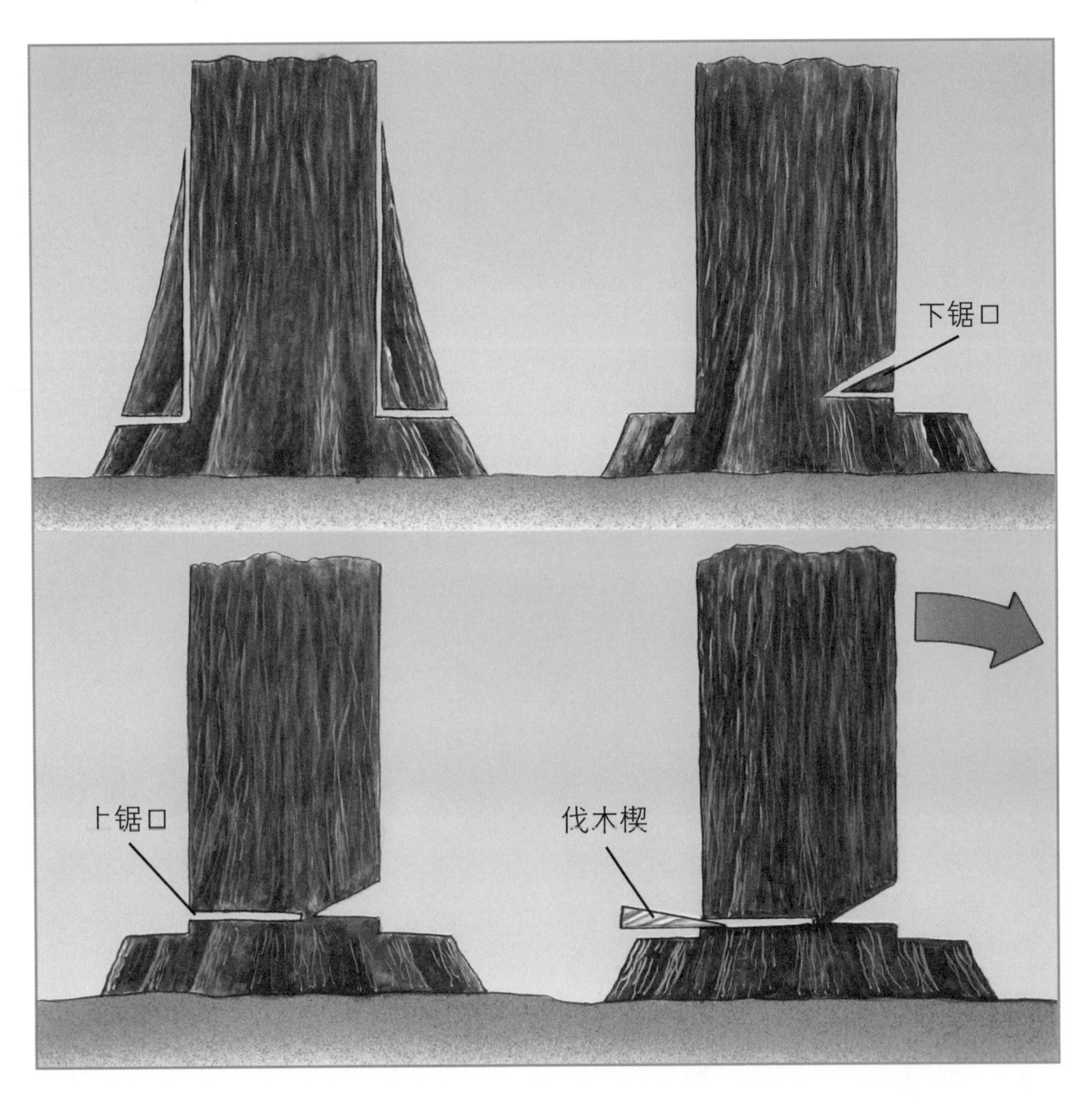

伐木很危险。人们必须在锯木之前先确定好树木朝哪个方向倒。人们在树木倒下的那个方向锯出呈三角形的锯口，然后在另一边锯出与树干轴线相垂直的上锯口，有时人们也会借助伐木楔。

林业工人会在森林里用电锯将伐倒的树木枝杈锯掉，并用大型机器剥去树皮。

树干被送到锯木厂之前，会长时间的放置在森林中。木材在那里被切割成木板，这些木板被用来建造房屋以及家具。

大部分圣诞树并非来自森林，而是人们在苗圃中栽培出来的。

防护林中的树木严禁被砍伐，因为防护林是为了保护住宅区不受雪崩和泥石流的袭击。

北半球的泰加林带是世界上最大的针叶林区。这里冬季降雪多，夏季短暂而温暖。

针叶树和桦树十分耐寒。林中驯鹿的蹄子宽大，这样可以保证它们在行走时不会陷入雪中。狼是泰加林带的食肉动物，而棕熊的主要食物是植物，它们很少吃其他动物。

泰加林带的北缘与苔原带接壤。苔原带植物矮小，那里冬季漫长寒冷。

旅鼠生活在苔原地区。有时旅鼠繁殖得非常快，你甚至能够看到百万只旅鼠出来觅食的场景。在夏季，驯鹿也会向苔原带迁徙。而麝牛数量变得越来越少。

北欧地区居住着萨米人。他们养殖的驯鹿为他们的生活提供了鹿奶、鹿肉和鹿皮。

迄今为止还有一些因纽特人以捕食海豹和海鱼为生，冬天捕猎时他们会在冰层上凿洞。

什么地方既生活着北极熊又生活着企鹅呢？恐怕只有动物园了，因为在自然界中北极熊生活在北极地区，企鹅则生活在南极地区。

北极点周围的地区被称为北极地区，北极地区北冰洋常年不融化。这里生活着鳍脚目动物和鲸目动物，它们的敌人是北极熊和人类。

南极点周围的地区被称为南极地区，南极地区的冰层下是一块大陆，这块大陆被人们称为南极大陆。这里是世界上最寒冷的地方，不会飞翔的企鹅是南极地区的典型动物。

人类改变了世界

地球人口已达70亿之多，每分钟大约有200多个婴儿出生。尽管如此，地球上仍然存在着荒无人烟的地区。

在南美洲、亚洲和非洲，越来越多的人搬到城市里生活，希望在这里找到工作。许多人拥挤地生活在自己搭建的简陋小屋中，房屋内无供水。人们将这样的住宅区称为贫民窟。

从这幅图中你可以看出，地球上哪里人口密集（红色、棕色），哪里人口稀少（黄色、灰色）。

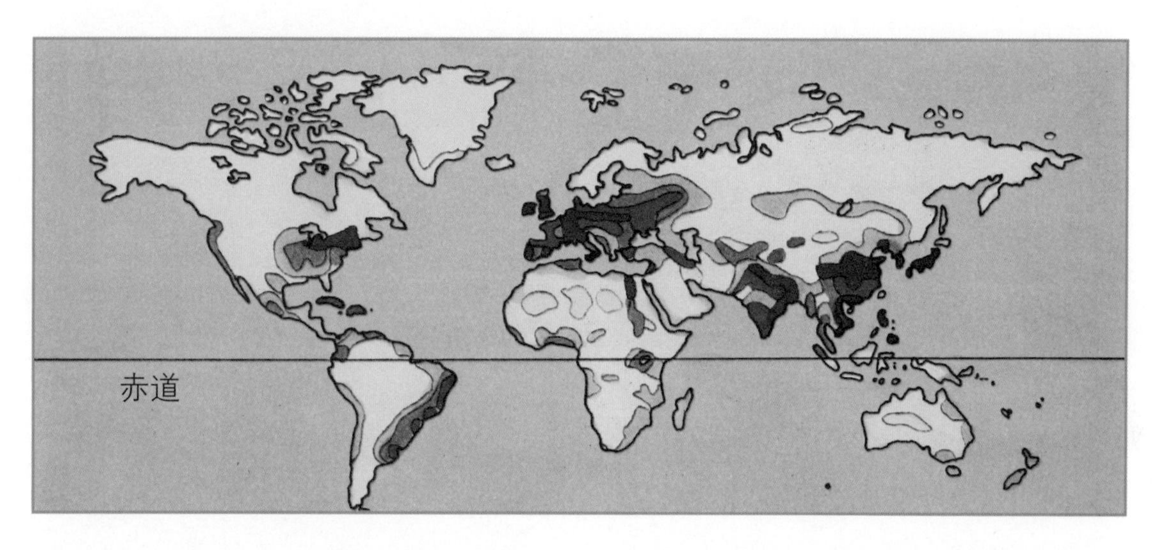

在印度和中国生活着非常多的人。在这幅地图上你可以清楚地看到非洲的尼罗河，尼罗河沿岸分布着许多城市。但澳大利亚人口也很稀少。

游牧民族赶着牧群从一处移居到另一处，这样不同地区的植物就可以休养生息了。

在白俄罗斯的广阔田野上，每年都种植同样的农作物，这样对土地造成了伤害。

国家不同，孩子爱吃的菜也完全不同；地区不同，生长的食用植物也并非一模一样。

欧洲的孩子几乎每天都吃小麦或黑麦面粉制作的面包或小面包。欧洲人可以用马铃薯烹制出各色菜肴，尽管马铃薯最初是生长在美国的植物。

在印度、中国和日本，几乎餐餐都有大米，因为气候温暖湿润的地方适合大米生长。

有些热带国家，如爪哇国，当地的儿童非常喜欢吃营养丰富的芋头。

玉米种植源自美洲。

非洲的木薯在食用前必须经过烹调煮熟，否则会导致食物中毒。

地球上每五个人中就会有一个食不果腹，此外还有更多的人营养不良。

这个世界有穷人，也有富人。在西欧、北美和澳大利亚，贫困的家庭同样存在，但多数孩子不会吃不饱。

穷人没钱买房子、食物和衣物，也没钱看病、上学。

在非洲，孩子们能上学就已经很开心了。那些上不了学的孩子都要在家帮忙干活。

在一些极其贫困的家庭中，孩子也要外出工作。而通常情况下，他们的收入只够吃饱饭。

地球的人口越来越多，1000 年前世界只有 5 亿人口，而今天，世界人口已经超过了 70 亿。

早期商人

考古学家在出土文物中经常会看到来自其他大陆的物品。这说明，几个世纪以前，商人们就已经开始四处旅行了。

腓尼基人在3000年前就已经做起了象牙、玻璃器皿和布料的生意。他们用船运输装入陶罐中的葡萄酒、橄榄油和粮食。这是第一批乘帆船到达非洲的商人。

希腊人已经对货币有所了解，每座城市都铸造了自己的钱币，雅典的钱币上装饰着一只猫头鹰。

中国人生产制造昂贵的丝绸，驼队沿着丝绸之路将中国的丝绸带到了西方。

非洲的沙漠商队运输海枣和黄金。此外，他们还贩卖奴隶。

德国最大的港口城市汉堡在中世纪时就已经成为大型商贸城市了，这里有来自世界各地的商品。

许多商品在产地毫无用处。这些商品的生产是由贸易所决定的，它们会被出口到其他国家。

这些商品通过现代船只、飞机、货运列车和卡车很快地被运送到国外的商店，在那里人们可以购买。今天，美国南部的鲜花在几个小时之内就可以到达全世界。

在超市里，我们可以买到便宜的香蕉。香蕉种植园中的工作者一直都很贫困，他们的工资收入很低。

高级商店中香蕉的价格要贵一些，因此，那些种植香蕉的农民相对来说收益也会高些。

欧洲许多公司将服装生产工厂设在亚洲，这样他们为此支付的工资就会少很多。

可可豆来自非洲，它们生长在可可树树干上的果实内。

人类砍伐森林、修建公路、开采资源、污染水源和空气。这些行为不仅破坏了自然，也危害了人类自身。

因为象牙很昂贵，所以野生大象遭到了猎杀。象群因此变得越来越小，于是猎杀野生大象遭到了禁止，偷猎者会受到严厉惩罚。今天，大象的数量慢慢又多了起来。

而对热带雨林的过度开采导致了许多动植物的灭绝。

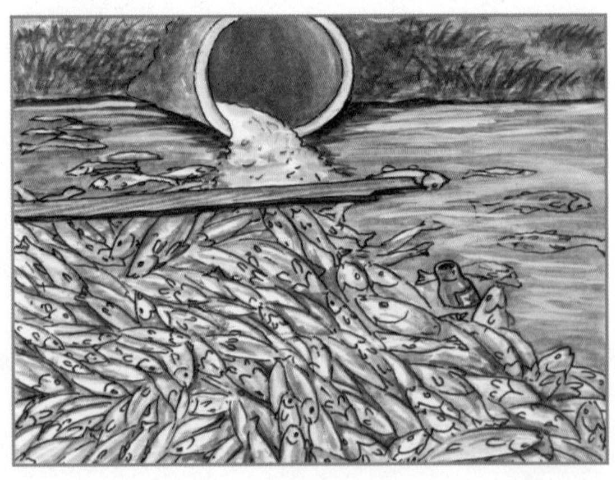

当化学试剂或污水被排放到江河湖海中，会导致成千上万的鱼死亡。

垃圾堆中的有毒物质渗入土壤中，有可能对地下水造成污染。

海洋中鱼的数量越来越少，过多的捕鱼船将海洋中的鱼打捞一空。

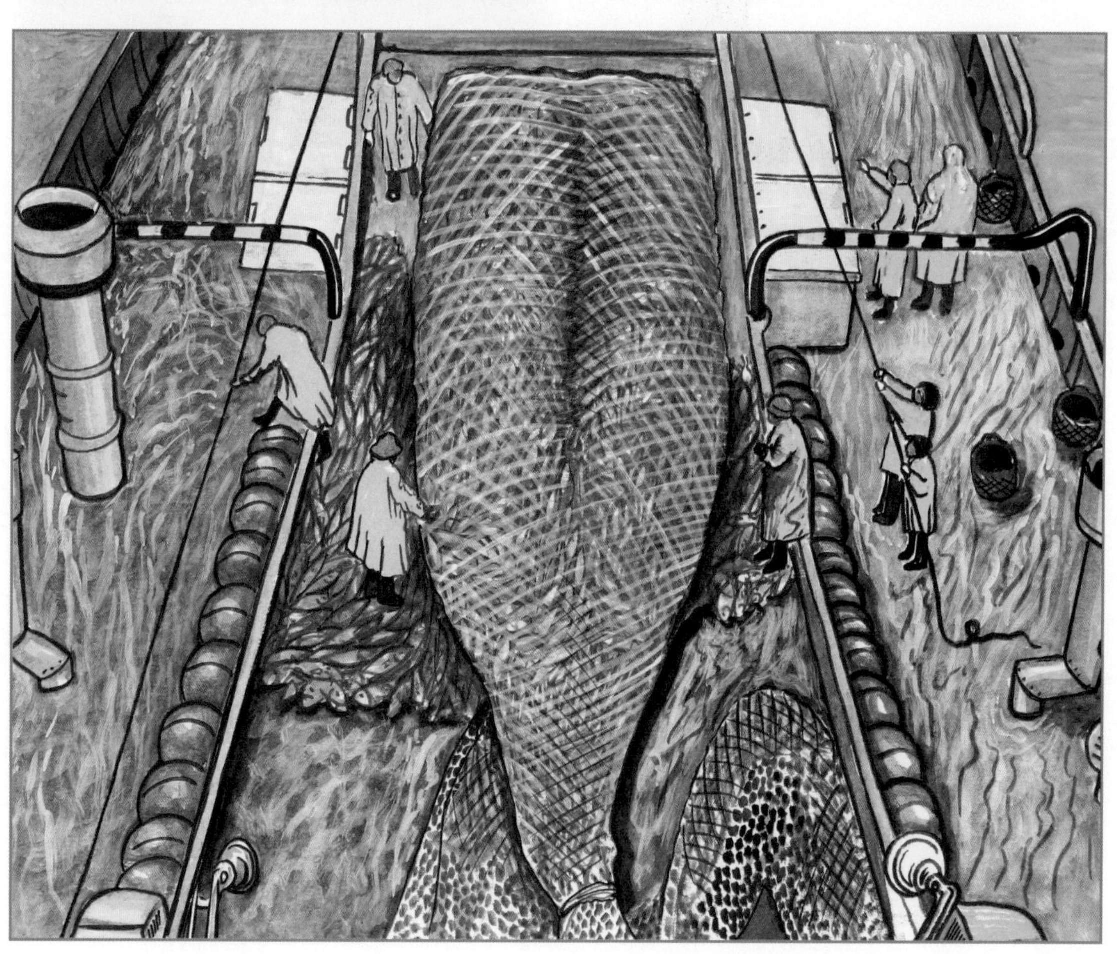

当克里斯托弗·哥伦布于1492年登陆一座岛屿时，他以为到达了印度，而事实上他发现的这块新大陆是美洲。

1492年三艘帆船从西班牙出发，向西航行，为了找到一条更短的通往印度的航线。三艘帆船中最大的一艘是圣玛利亚号，船长是哥伦布。

中国的郑和在1405年组织了一支探索船队，他们曾先后到达了东南亚、印度、波斯湾和非洲。

郑和的帆船和货船装满了金银珠宝。他将茶叶、丝绸和瓷器送给了沿途遇到的君王，并从非洲带回了一只长颈鹿献给中国皇帝。

诺曼人比哥伦布更早发现美洲。当时他们驾驶着细长的小艇航行在海上。

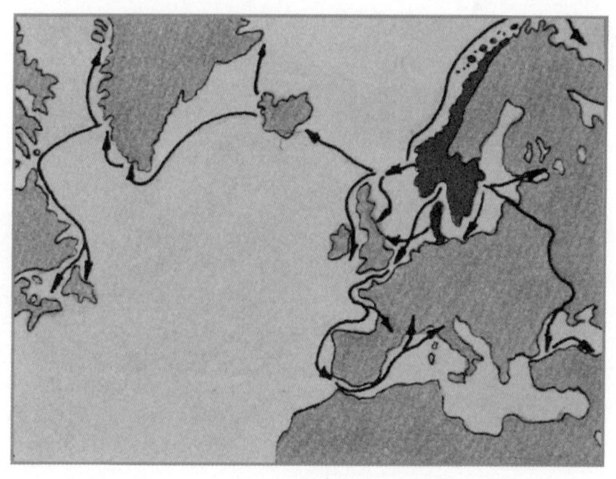

诺曼人生活在北欧，但是他们却一路到达了黑海并远征巴格达。

欧洲位于地球的北半球，那里的气候温和。其中芬兰的冬天很冷，而葡萄牙和马耳他则很少下雪。

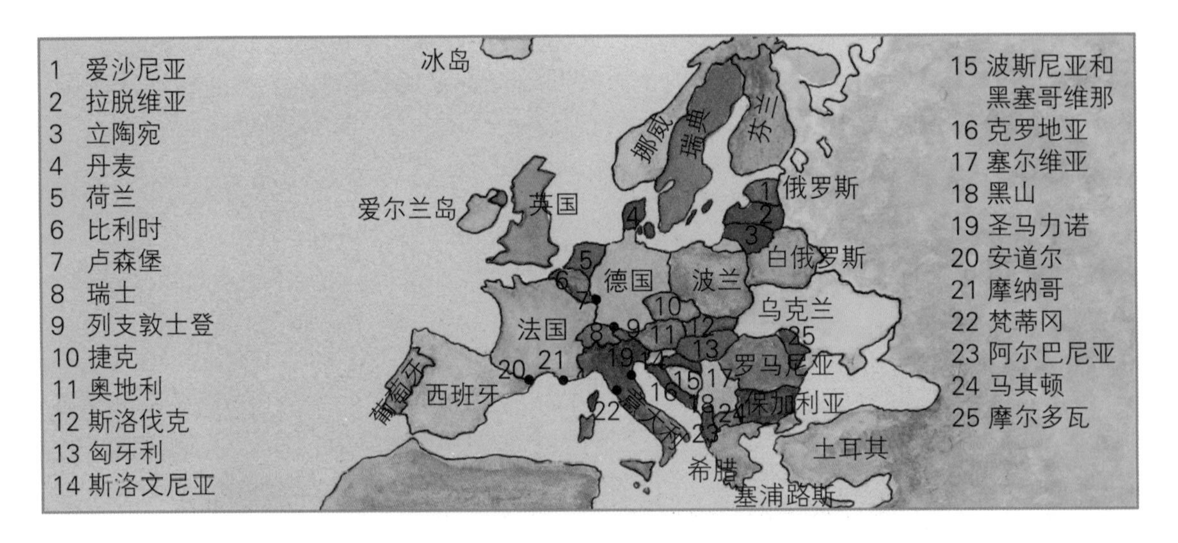

欧洲的许多国家联合在一起组成了欧盟，20个国家使用同一种货币——欧元。欧盟国家之间的边界是开放的，公民可以在欧盟中的任何一个国家工作。

厄尔布鲁士山坐落在欧亚交界处的高加索山脉间，它是欧洲的最高峰。

挪威北部有不少的村庄只能乘船到达，而大多数挪威人生活在南方。

荞麦粥是俄罗斯一种典型食物，它由燕麦片、黄油、食盐和水熬制而成。

多瑙河是欧洲第二长河，许多人会在假日里沿着多瑙河骑自行车。

亚洲和欧洲地处同一个大陆板块。两大洲的交界处是高加索山和乌拉尔山。俄罗斯既属于亚洲，又属于欧洲。

日本是太平洋上的一个岛国，同俄罗斯、中国和朝鲜半岛隔海相望。日本海拔最高的山峰是富士山，这座火山高 3776 米，位于本州岛的中部地区。

寒冷的西伯利亚地区人口稀少，许多家庭搬来这里，是为了进入石油领域从事相关工作。

日本的城市人口过密，到处都很拥挤，不论是在地铁里还是在寓所内。

南亚地区有许多宝塔，看到它们，人们就会想起佛祖释迦牟尼，大人小孩都会来这里祈愿。

亚洲拥有世界上面积最大的国家俄罗斯和世界上人口最多的国家——中国。

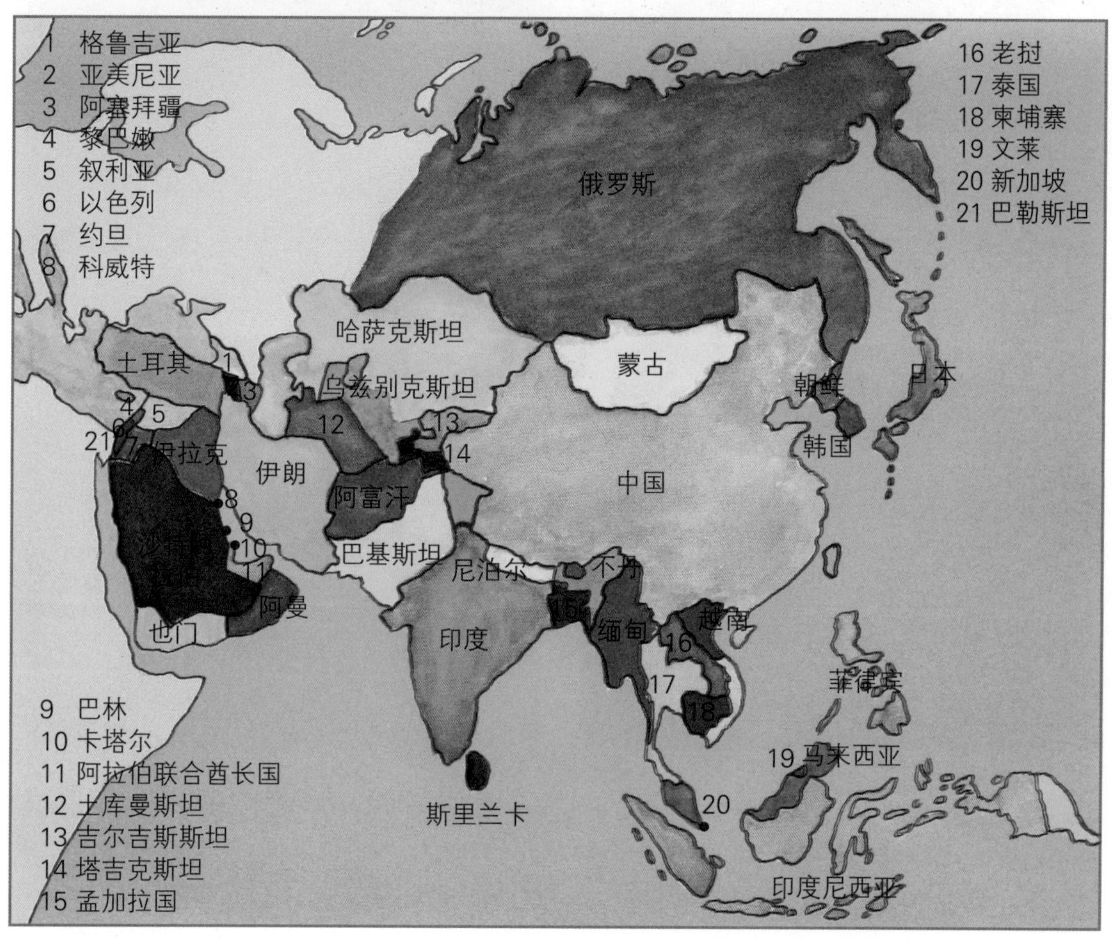

非洲儿童的兄弟姐妹要比欧洲儿童多，而许多家庭又十分贫困，所以并不是所有的孩子都能上学。有许多儿童都生活在饥饿中。

摩洛哥位于地中海沿岸。在有顶盖的露天市场里你可以买到许多商品，这些商品漂洋过海来到这里。摩洛哥是皮革制品、干果和地毯的生产国。

北非的撒哈拉沙漠是世界上最大的沙漠，撒哈拉沙漠中最大的沙丘位于毛里塔尼亚境内。

在非洲，许多妇女习惯用头顶罐子或篓子。她们会在头顶上加垫一块布料来保护头部。

在非洲，许多母亲会将婴儿用布裹住绑在后背。这样就可以随时将孩子带在身边了。

非洲的国家边界并不是非洲人自己划定的，而是欧洲国家划定的。

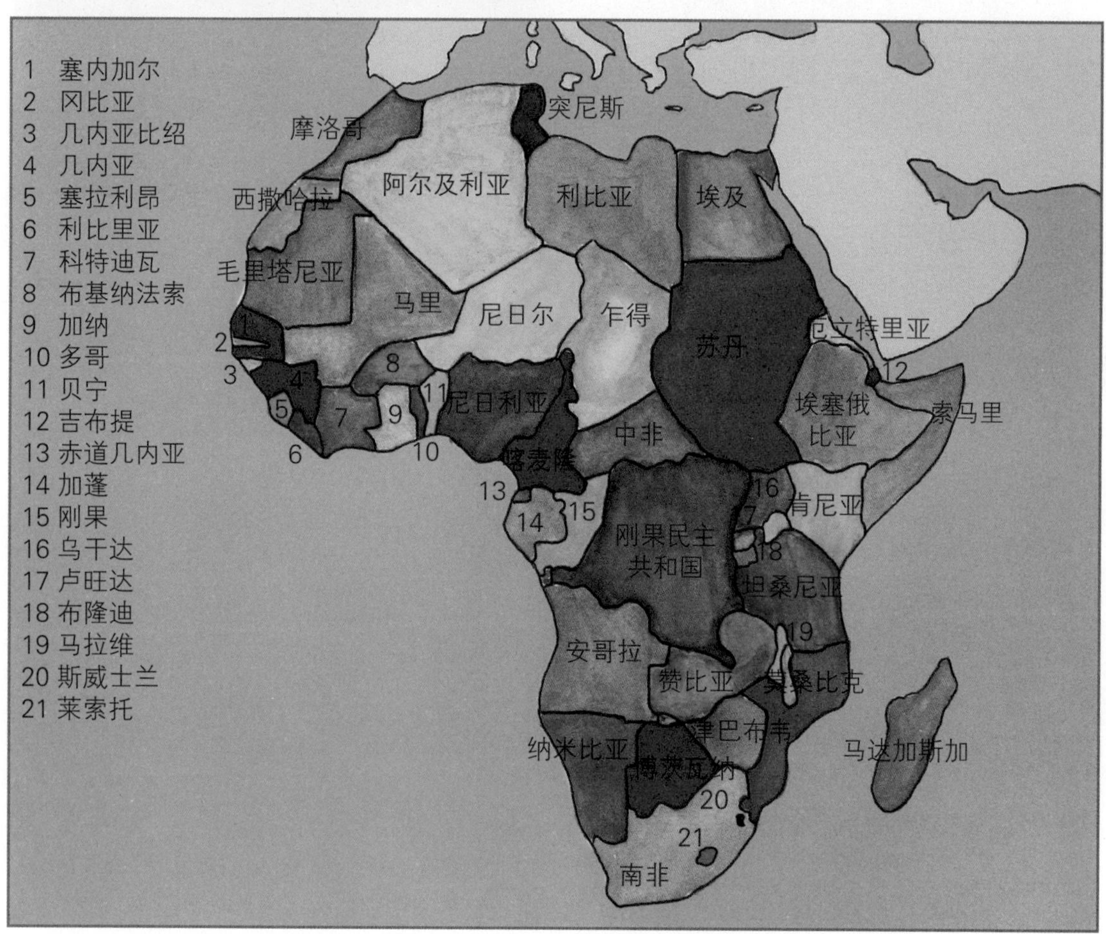

北美洲位于西半球北部，是世界第三大洲，那里的人说英语。除了英语之外，加拿大人也说法语，美国人也说西班牙语。

索诺拉沙漠位于美国和墨西哥交界区域，以巨人柱仙人掌闻名于世。这些仙人掌高可达 15 米，长有分支。许多在此地拍摄的西方电影中都会出现这样的沙漠风光。

因纽特人喜欢玩这样一个游戏：一个人率先走在雪地里，剩下的人必须踩着第一个人的脚印行走。

纽约因为拥有众多摩天大楼而闻名于世，这里生活着来自世界各地的人们。

在加拿大人们会采集槭树树汁，加工制作成香甜可口的糖浆。

北美洲西邻太平洋，东邻大西洋。在东部沿海地区人口密集。

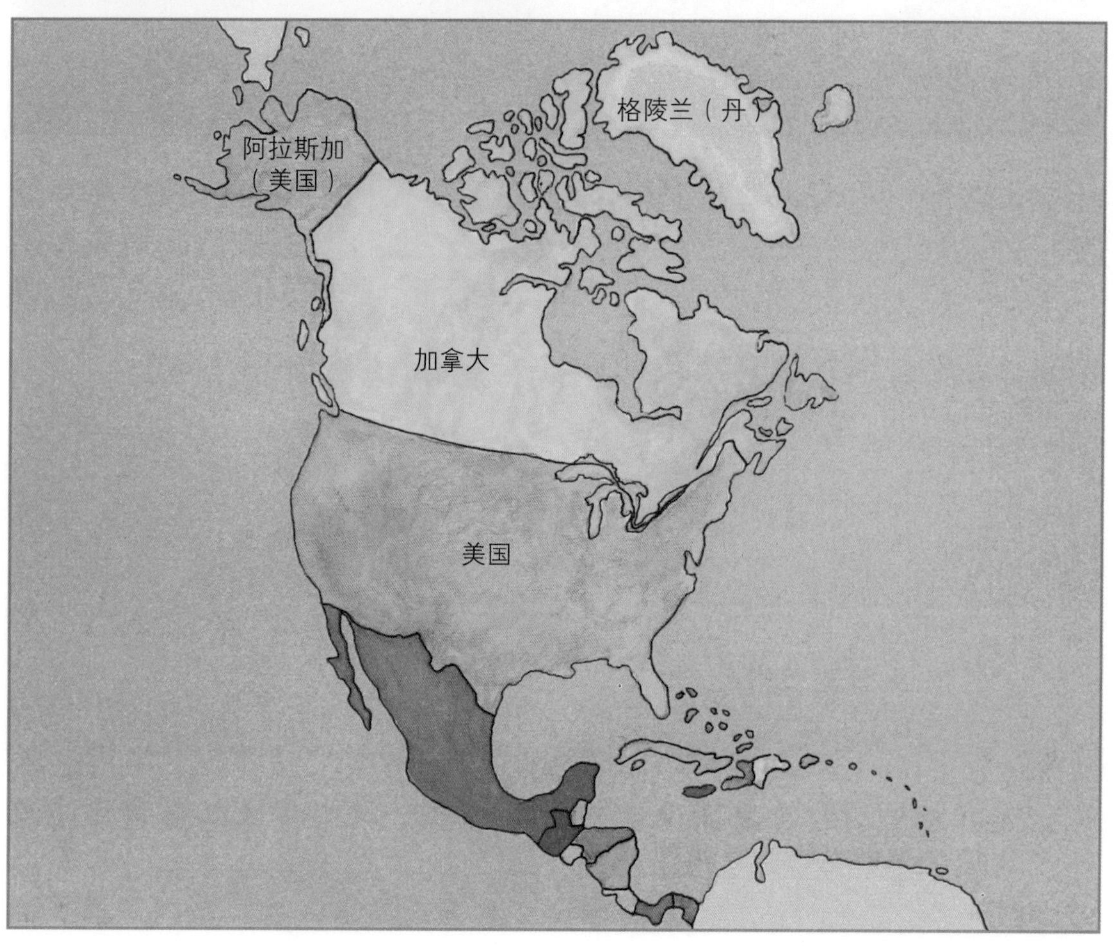

加勒比海属于中美洲。这片海域是大西洋的一部分，海面上坐落着许多岛屿，其中最大的岛屿是古巴，而巴哈马由700座岛屿组成。

从100多年前开始，船只就可以穿过巴拿马运河从大西洋驶入太平洋了。运河全长81.6公里，为之前需要绕道南美洲的船只缩短了16000公里的航程。

古巴是蔗糖、雪茄和咖啡的生产国，在首都哈瓦那的街头行驶着许多老式汽车。

来自墨西哥的美味食物墨西哥卷饼是由红豆、大蒜、洋葱和食盐制成的。

许多墨西哥人都是阿兹特克人的后裔，他们会通过节日上的舞蹈来缅怀历史。

中美洲连接着北美洲和南美洲，墨西哥是中美洲最大的国家。

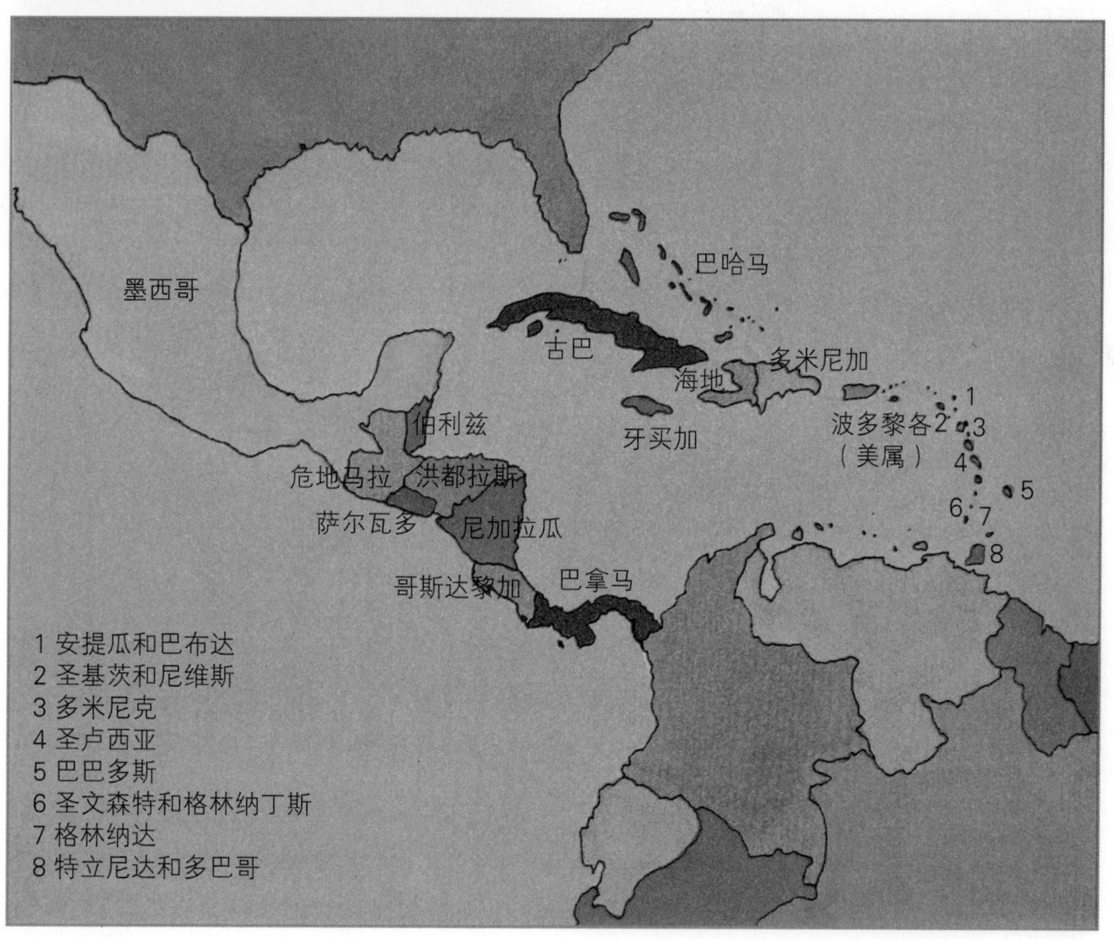

南美洲看起来像一个三角形。西部坐落着安第斯山脉，亚马逊河流经亚马逊平原上面积广阔的热带雨林区。

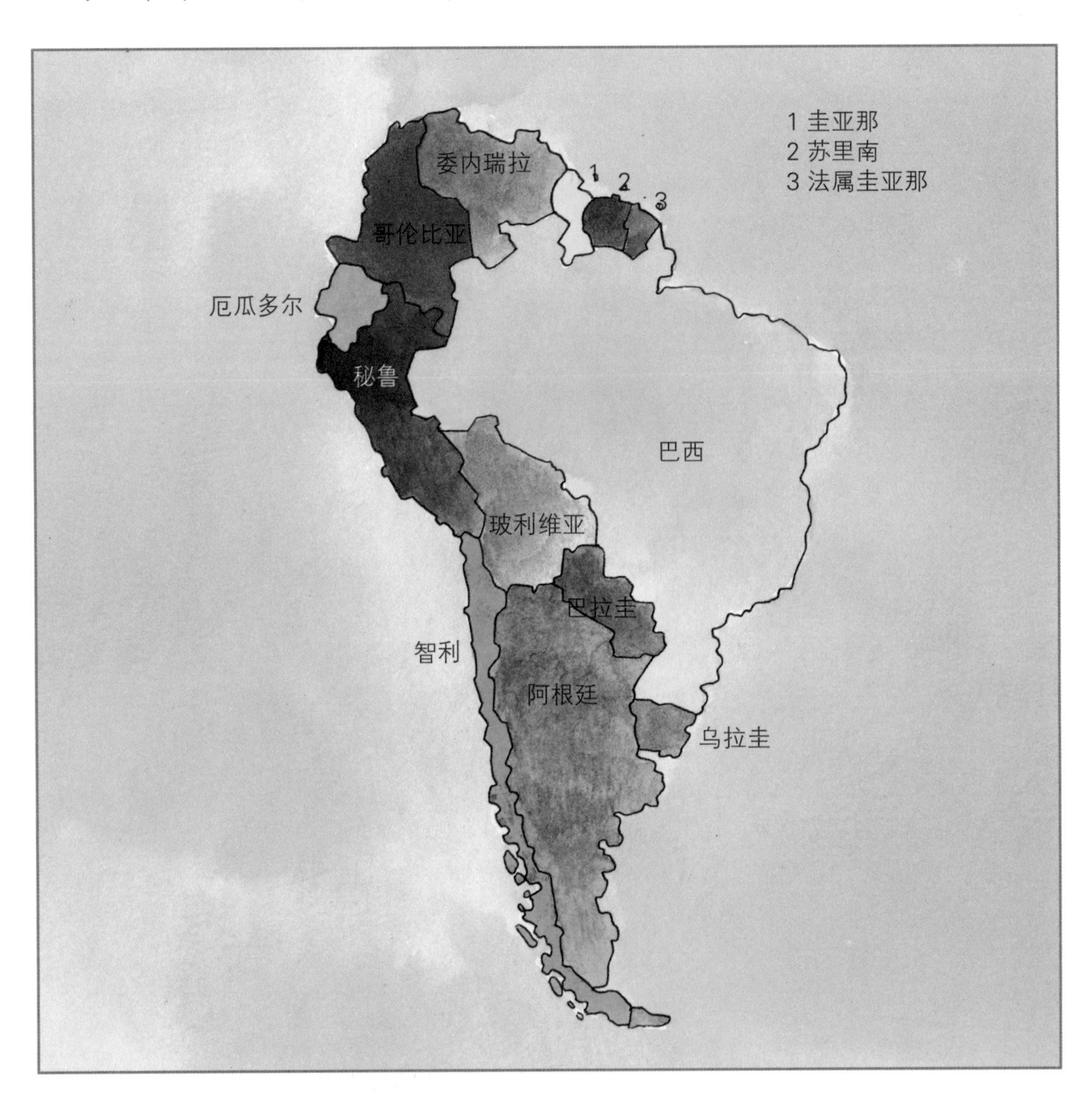

巴西和阿根廷是南美洲最大的两个国家，南美洲大陆的土著居民是印第安人。欧洲人占领了他们的土地，并将非洲人当做奴隶贩卖到了南美洲。

南美洲的印第安人很早就开始种植玉米、花生、鳄梨、豆类和可可豆了。大羊驼和羊驼可以提供纤细的毛纤维。

骆马能够生活在海拔5000米的高原上，因为那里天气寒冷，因此它们长了一身厚实、暖和的皮毛。冬天过后，这些动物身上的毛会被剪短，从它们的毛中人们可以获得纤细的毛纤维。

冬天，安第斯山上的孩子们为了抵御严寒必须要穿得非常暖和。

在巴西，有许多孩子无家可归，他们不得不住在马路上，独自一人寻找食物。

澳大利亚是大洋洲最大的国家，其次便是巴布亚新几内亚和新西兰。而其他国家都是由一些小岛组成的。

大多数澳大利亚人和新西兰人是欧洲人后裔，他们带着自己的文化来到这里，正如人们在悉尼歌剧院所看到的演出那样。最初生活在澳大利亚的居民叫做澳大利亚土著居民。

袋鼠妈妈将小袋鼠放入育儿袋内，走到哪就将孩子带到哪。小袋鼠可以在育儿袋内吮吸母亲的奶水。

只有少数的土著居民还以打猎和采集为生，他们的传统乐器叫做蒂杰利多。

西南太平洋国家瓦努阿图由83座岛屿组成，几乎每座岛屿都有属于自己的语言。

大洋洲的许多岛屿都并非独立的个体。例如，新喀里多尼亚就属于法国管辖。

150年前大部分人只能通过旅游手册、油画或者研究报告来了解其他大洲。

而今天人们可以通过电视、收音机、网络和报纸等渠道获悉其他国家发生的新鲜事，通过电子邮件人们可以在短短几分钟内从中国发送信件到阿拉斯加。

许多孩子同世界各地的朋友网聊或是假期里去陌生的国度旅行，这样他们能够学习和掌握新的语言和文化。

许多人想要在假期看看陌生的事物并尽情享受阳光，飞机可以使旅途变得舒适。从前只有学者、冒险家和商人有胆量前往遥远的国度。

那些来自世界各地的外国人使我们的文化更加丰富多彩。在城市中，许多饭店的菜单都充满了异域风情。同样，你也可以在你的外国同学家中了解到其他国家的文化。

东方出版社精品儿童读物

知道得更多系列

东方出版社精品儿童读物

神奇猜猜系列

东方出版社精品儿童读物

巨大嚣张的机器系列